U0298325

Uncertainty in Risk Assessment

风险评估中的不确定性

The Representation and Treatment of Uncertainties by Probabilistic and Non-Probabilistic Methods

——通过概率和非概率方法表征和处理不确定性

[挪　威]泰耶·阿文(Terje Aven)
[意大利]皮耶罗·巴拉尔蒂(Piero Baraldi)
[挪　威]罗格尔·弗拉格(Roger Flage)　　著
[意大利]恩里科·齐奥(Enrico Zio)
林焱辉　主译　　康　锐　主审

国防工业出版社
·北京·

原书书名:Uncertainty in Risk Assessment

The Representation and Treatment of Uncertainties by Probabilistic and Non-Probabilistic Methods

by TERJE AVEN,PIERO BARALDI,ROGER FLAGE,ENRICO ZIO.

原书书号:ISBN 978-1-118-48958-1

图书在版编目(CIP)数据

风险评估中的不确定性:通过概率和非概率方法表征和处理不确定性/(挪)泰耶·阿文(Terje Aven)等著;林焱辉主译.—北京:国防工业出版社,2020.1

书名原文:Uncertainty in Risk Assessment The Representation and Treatment of Uncertainties by Probabilistic and Non-Probabilistic Methods

ISBN 978-7-118-12034-9

Ⅰ.①风… Ⅱ.①泰… ②林… Ⅲ.①风险评价 Ⅳ.①X820.4

中国版本图书馆 CIP 数据核字(2019)第 256145 号

(根据版权贸易合同著录原书版权声明等项目)

※

国防工業出版社出版发行

(北京市海淀区紫竹院南路 23 号 邮政编码 100048)

天津嘉恒印务有限公司印刷

新华书店经售

*

开本 710×1000 1/16 **印张** 10 **字数** 172 千字

2020 年 1 月第 1 版第 1 次印刷 **印数** 1—2000 册 **定价** 78.00 元

(本书如有印装错误,我社负责调换)

国防书店:(010)88540777 发行邮购:(010)88540776

发行传真:(010)88540755 发行业务:(010)88540717

风险评估中的不确定性
——通过概率和非概率方法表征和处理不确定性

Uncertainty in Risk Assessment
The Representation and Treatment of Uncertainties by Probabilistic and Non-Probabilistic Methods

Terje Aven
斯塔万格大学,挪威
Piero Baraldi
米兰理工大学,意大利
Roger Flage
斯塔万格大学,挪威
Enrico Zio
米兰理工大学,意大利
巴黎中央理工-高等电力学院,法国

FOREWORD | 译者序

随着装备性能不断提高,系统结构复杂程度日益提升,其所面临的寿命、可靠性与风险等问题日益突出。在装备研制、生产与使用阶段,往往受到各种不确定因素影响致使风险产生。风险评估研究的重要性在国家科技规划中被明确提出,同时也获得了各类科研单位的广泛关注。为了定量地确定风险的性质和程度,定量风险评估(QRA)广泛用于各种活动中,用于识别风险来源及其原因与后果,以及进行风险的定量描述与评价。其中,不确定性的表征和刻画是决定评估结果的关键因素。随着近些年定量风险评估在核电装备、航空航天、能源网络等诸多行业的应用,其理论与方法得到快速发展,不同确定性表征和刻画的方法被相继提出。然而,不同理论与方法的联系与区别,各自的优点与不足,适合的应用场景等,仍然是一个值得研究与思考的问题。

本书是根据约翰威利出版公司(John Wiley & Sons Limited)于 2014 年出版的 *Uncertainty in Risk Assessment——The Representation and Treatment of Uncertainties by Probabilistic and Non-Probabilistic Methods* 一书翻译而成。该书将风险评估中不确定性分析在国际上的最新成果进行汇总,在阐述基本原理与方法的基础上,重点介绍了基于概率和非概率的方法处理不确定性的最新技术成果。同时,系统阐明了风险评估与不确定性分析的内容,各种不确定性处理方法的原理,对方法的应用提供了理论上的指导,并针对实际问题讨论了风险评估中如何对不确定性进行表征和刻画。该书主编包括欧洲安全性与可靠性协会(ESRA)现任主席 Terje Aven 教授,法国电力复杂系统与能源挑战研究中心主任、ESRA 前任主席 Enrico Zio 教授等,其他作者皆来自国际上从事风险评估与不确定性分析的著名研究机构。

本书共有 13 章,内容可分为四大部分。第一部分为第 1 章,介绍了风险评估与不确定性分析,由范梦飞和陈文彬翻译;第二部分包括第 2 章到第 7 章,介绍了处理不确定性的各种方法,由郭澍、龚文俊、靳崇、井海龙和金毅翻译;第三部分包括第 8 章到第 12 章,介绍了各种不确定性表征和传播方法在实际中的应用,由江逸楠、李梓、吴纪鹏、张清源、祖天培翻译;第四部分为第 13 章,基于上述分析与讨论进行了总结,由祖天培翻译。林焱辉对全书章节进行了校译统稿,康锐教授对全书进行了审阅。

由于译者水平所限,不当和疏漏之处在所难免,敬请读者批评指正。

林焱辉

北京航空航天大学可靠性与系统工程学院

PREFACE | 前言

本书的目的是针对高风险技术,例如,核能、石油和天然气、运输等的实际决策情况,审慎地介绍风险评估中不确定性处理的知识状态,以及表征和刻画这些不确定性的方法。30 多年来,基于概率的方法和理论框架已经被视为风险评估和不确定性分析的基础,但是越来越多的人开始担心,部分是由于新出现的风险,例如,与安全相关的风险,需要拓展和改进以前的方法从而有效地处理不同来源的不确定性以及与之相关的不同形式的信息。其他用于表征不确定性的替代方法已经提出,例如,基于区间概率、可能性和证据理论的方法。有人认为,当风险评估中研究的现象和情景知识不足的情况下,这些方法提供了更适当的不确定性的处理方式。然而,许多关于这些方法的基础以及使用的问题仍未得到解答。

本书对风险评估中不确定性的表征和刻画方法进行了严格的审查和讨论。书中通过应用示例,演示了各种方法的适用性,并指出它们基于所处理情况时的优缺点。目前,没有关于何时使用概率与何时使用替代方法表征不确定性的权威指导,希望本书可以为这种指导的形成提供一个平台。本书研究的理论与方法的潜在应用领域广泛,从工程、医学到环境影响与自然灾害,安全和金融风险管理。但是,本书主要关注的是工程应用领域。

不确定性表征和刻画的主题在概念和数学上都是具有挑战性的,而且该领域的许多现有文献对于工程师和风险分析师来说不容易理解。本书的一个目的是提供对严谨性与精确度有强烈要求的知识状态,同时使得该领域包括研究人员和研究生的专业人士能够容易理解。

读者需要了解一些风险评估的基本背景,以及概率论和统计学的基础知识。为了降低本书对先前知识的要求,一些关键的概率和统计概念也将在本书中进行介绍和分析。

我们真诚地感谢所有为本书的编写做出贡献的人们。特别感谢 Francesco Cadini、Michele Compare、Jan Terje Kvaløy、Giovanni Lonati、Irina Crenguza Popescu、Ortwin Renn 和 Giovanna Ripamonti 等为本书编写提供了很多材料,同

时感谢 Andrea Prestigiacomo 所做的细心的编辑工作。我们还要感谢 Wiley 的编辑和制作人员认真和富有成效的工作。

Terje Aven
Roger Flage 于斯塔万格

Piero Baraldi 于米兰

Enrico Zio 于巴黎

2013 年 6 月

DIRECTORY | 目录

第一部分 引 言

第二部分 方 法

第三部分 实际应用

第四部分　结　　论

第一部分　引　　言

第1章　绪　　论

风险评估是确定与活动相关的风险的性质和程度的方法论框架。它由以下3个步骤组成。

(1) 识别相关的风险来源(威胁、危险、机会);

(2) 原因和后果分析,包含风险和脆弱性的评估;

(3) 风险描述。

目前,针对“选取适当的保护和缓解措施”“确保符合相关机构(如监管机构)所制定的规定”等问题,风险评估作为决策的辅助工具在各种活动中被广泛使用。风险评估的基础是系统地使用以概率为主要量化原理的解析方法。常用的系统性分析故障关系与事故情景的原因和后果的方法有:故障树和事件树、马尔可夫模型和贝叶斯信度网络;统计方法则被用于处理数据和做出推断。这些建模方法被用于认知因果关系,表达这些关系的强弱程度,表征其中的不确定性,以及定量地或定性地描述与风险管理有关的其他属性(IAEA,1995;IEC,1993)。简而言之,风险评估能够指出处在危险中的事物,评价相关量的不确定性,并生成一个为风险管理的决策过程提供有用信息的风险描述。

在本书中,我们重点关注定量风险评估(QRA),其中风险是用所涉及的不确定性的适当表征来表示的。为了进一步建立风险评估的方法论框架,将会给出对于“风险”的更为具体的解释。

本章的构成如下:1.1节介绍风险的概念;1.2节介绍概率风险评估(PRA)的主要特征,概率风险评估是利用概率表征不确定性的定量风险评估方法;1.3节讨论如何在决策背景下开展风险评估;1.4节探讨风险评估中的不确定性问题,关于这一问题的讨论基于文献(Aven and Zio,2011)中论点的启发:在风险评估中,如果没有正确地处理不确定性,那么风险评估工具将无法发挥其预期的效果。1.5节讨论基于概率的风险评估以及相关的不确定性分析方法的主要挑战。同时,用于处理不确定性的其他方法也将简要地进行讨论。

1.1 风　险

1.1.1 风险的概念

一般而言,存在危害或损失的潜在来源之处,即存在风险(针对特定目标,如人、工业资产或环境的危险或威胁)。对此,人们通常会设计保障措施以预防危险状况的发生,并施加保护以应对和减轻危险可能引发的后果。事实上,存在危险本身不足以定义一种风险状况,风险的本质在于存在一种可能性:保障和保护措施都没能发挥其理想的作用,使得潜在的危险转化为实际的损害。综合上述两点,风险的概念涉及目标可能受到的某种损伤,以及这种潜在损伤演化为实际损伤的不确定性,如图 1.1 所示。由此,可以写出风险的定义:

$$风险=危险(威胁)和后果(损害)+不确定性 \tag{1.1}$$

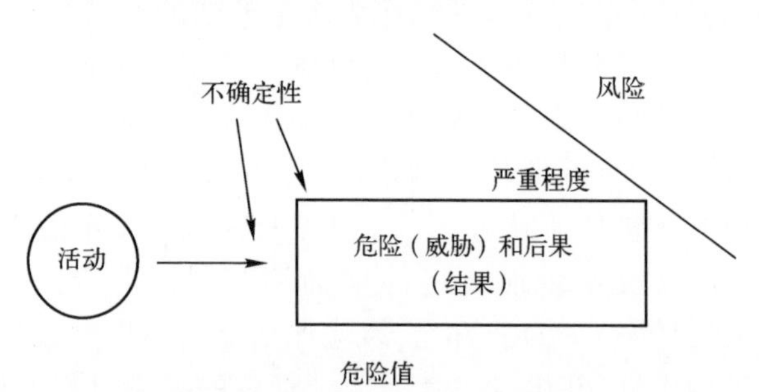

图 1.1　风险的概念,反映了危险(威胁)和后果以及相应的不确定性(发生什么样的事件,就会发生什么样的后果)

通常情况下,后果维度往往涉及的是某种不良结果(损害、损失、危害)。需要注意的是,围绕不良结果定义风险时,需要定义对于谁而言什么是不良的结果:一种结果可能对于一些利益相关者而言是积极的,而对于其他利益相关者而言是消极的。讨论一个结果是否被划分到正确的类别可能是一件得不偿失的事情,而且目前大多数关于风险的定义可以容纳积极或者消极的结果(Aven 和 Renn,2009)。

令 A 表示危险(威胁),C 表示相应的后果,U 表示不确定性(A 是否会发生,C 是什么?)。后果涉及某种人们认为有价值的事物(健康、环境、资产等)。利用这些符号,式(1.1)可表示为

$$风险=(A,C,U) \tag{1.2}$$

或简单地记为

$$\text{风险}=(C,U) \tag{1.3}$$

式中:(C,U)中的 C 表示给定活动(包括危险(威胁)事件 A)的所有后果。这两种风险的表达如图 1.2 所示。

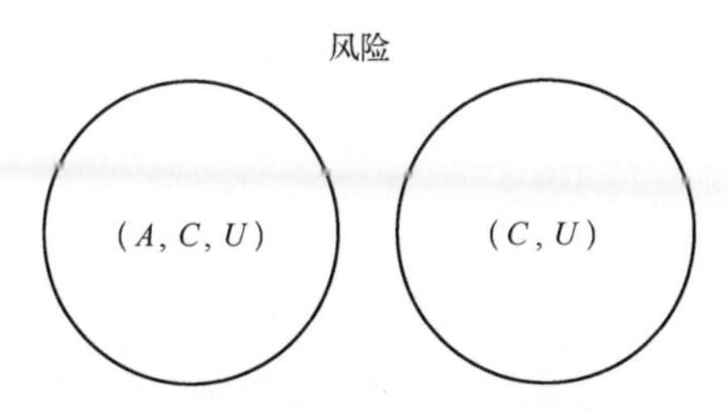

图 1.2　本书中风险的概念的主要组成元素

A—事件;C—后果;U—不确定性。

显然,如果要给出风险的一般性概念,那么这一概念不能限定于某一特定的度量方式(如概率)。对于引入的度量,要精确地解释它实际上表示了什么。同样需要说明其度量不确定性能力的局限:为了充分描述风险,是否需要补充?将在书中深入地讨论这些问题。

与风险紧密相关的一个概念是脆弱性(假设事件 A 发生)。从概念上讲,脆弱性与风险相同,但基于事件 A 已经发生:

$$\text{脆弱性}\mid A=\text{后果}+\text{不确定性}\mid \text{事件}\ A\ \text{发生} \tag{1.4}$$

式中:符号"|"表示"给定"或"基于……的条件"。

式(1.4)可记为

$$\text{脆弱性}\mid A=(C,U\mid A) \tag{1.5}$$

1.1.2　描述/度量风险

上面已经定义了风险的概念。然而,这一概念并没有为我们提供评估和管理风险的工具。因此,必须确定一种描述(度量)风险的方式,于是问题在于如何描述(度量)风险。

风险有两个主要维度,(后果和不确定性),且风险的描述可通过指明后果 C 并描述(度量)不确定性 Q 获得。最常用的工具是概率 P,但本书也会兼顾其他工具。指明后果是指确定一组感兴趣的量 C'表示后果 C,如死亡人数。

现在,根据指定 C'和选择 Q 的原则,可以从不同的角度描述(度量)风险。作为风险的一般性描述,有

$$\text{风险的描述}=(C',Q,K)\text{或}(A',C',Q,K) \tag{1.6}$$

式中:K 为 Q 和给定的 C'所基于的背景知识(使用的模型和数据,制定的假设

等),如图 1.3 所示。基于前述脆弱性和风险的关系,给定事件 A 的脆弱性可以类似地描述为$(C',Q,K|A)$。

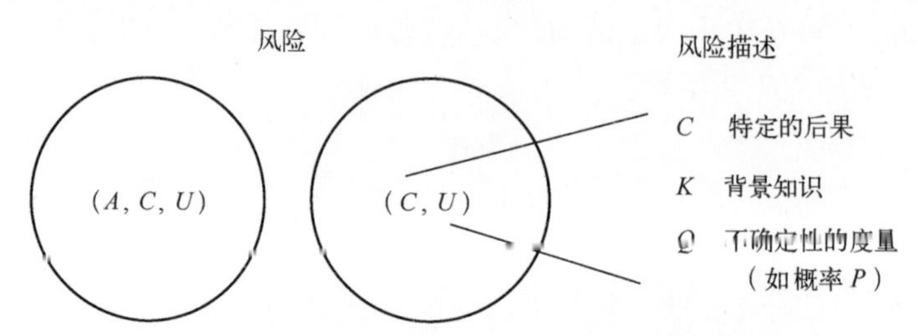

图 1.3 如何由风险的概念得到风险描述的示意图

A—事件;C—后果;U—不确定性。

1.1.3 示例

1.1.3.1 海上油气设施

考虑海上油气处理设施未来的运行状况,我们承认运行中存在“风险”。例如,火灾和爆炸的发生会导致死亡、漏油和经济损失等。我们无法在当下预知这些事情是否会发生,如果发生会造成怎样的后果:我们面临不确定性,因此,我们面临风险。风险是两个维度的,即后果和不确定性(事件和后果是未知的,事件和后果是否发生也是未知的)。

在进行风险分析的时候,我们描述并且(或者)量化风险,换言之,指定(C',Q,K)。为此,需要表征 C'的量和一个不确定性度量;对于后者,引入概率来实现。于是在所讨论的示例中,C'由死亡人数表征,$Q=P$,而背景知识 K 则包含本次评估所基于的一系列假设,例如,关于设施上的从业人数的假设以及用于量化事故概率和后果的模型和数据的假设。基于这些,可以定义若干风险指标或度量,如预期的死亡人数(如潜在生命损失(PLL),通常定义为 1 年)、致命事故率(FAR)(针对 1 亿接触小时)、个体在一起事故中死亡的概率(个体风险(IR))和反映死亡人数超过 n 的事故预期数目(频率 f)的“频率—后果”$(f-n)$曲线。

1.1.3.2 健康风险

考虑一个人的生命并关注他(她)的健康状况。假设这个人 40 岁,我们关心他(她)在指定时间段或余生的“健康风险”。在这个案例中,关注的后果是各种可能的特定疾病(已知或未知类型)和其他疾病的“情景”,这些疾病发生的频次,以及这些疾病对这个人的影响(他(她)是否会死亡,或遭受痛苦等)。

为了描述这个案例中的风险,引入这个人罹患某种特定疾病的频率概率 p

(可理解为在无穷大的“相似人群”总体中,罹患这种疾病的人所占的比例),并通过来自“相似人群”的样本数据推断 p 的估计值 p^*。概率 p 可视为二项概率模型中的参数。

对于后续的表征 C',通常关注这个人是否罹患这种疾病,如果是,那么疾病发生的频次如何。此外,已经引入了一个以 p 为参数的概率模型,而且 p 同样应视为关于 C' 的量。试图确定 p 的值,但 p 的取值存在不确定性,因此采用置信区间描述这一不确定性,即描述数据中的随机变化。

本例中的不确定度量被限制为频率概率。这是一种基于传统统计方法的度量。或者,可以基于主观(判断的、认知的)概率 P 采用贝叶斯分析(在第 2 章将介绍这些概率的含义)。本例中的不确定性描述包含 p 的概率分布,例如,以累积分布函数表示的 $F(p')=P(p\leqslant p')$。当用 P 度量不确定性($Q=P$)时,得到一种风险描述(C',Q,K),其中 p 是 C' 的一部分。由分布 $F(p')$ 以及基于 p 的真值的事件 A 的条件概率,可以得到关于事件 A(这个人罹患这种疾病)的非条件概率 $P(A)$(更精确的表示为 $P(A\mid K)$)(见 2.4 节):

$$P(A)=\int P(A\mid p')\,\mathrm{d}F(p')=\int p'\,\mathrm{d}F(p') \tag{1.7}$$

该概率是一种基于频率概率 p 的概率分布的主观概率。可以看出,$P(A)$ 是分布 F 的重心(期望值)。

或者,可以在不引入概率模型和参数 p 的情况下,直接为 $P(A)=P(A\mid K)$ 分配主观概率。

1.2　概率风险评估

自 20 世纪 70 年代中叶,概率论框架一直是风险评估分析过程的基础(NRC,1975),参见 Rechard (1999,2000) 的综述。概率风险评估使得所研究现象的知识和不确定性系统化:可能的危险和威胁是什么? 它们的原因和后果是什么? 如 1.1.3 节所述,知识和不确定性由各种基于概率的度量表征和描述;关于生命损失和经济损失的风险度量(指标)的全面综述参见 Jonkman, van Gelder 和 Vrijling(2003)。一些示例以及相关的详细建模和 PRA 的常用工具将在第 3 章给出。

一个系统完整的 PRA 包括以下阶段:

(1) 识别威胁(危险)。作为 PRA 的基础,进行系统分析以便了解系统如何运行,从而可识别系统偏离正常(成功地)运行状态。首个危险(威胁)清单的建立通常是基于这样的系统分析,以及来自相似类型活动的经验,如分析、统计、头脑风暴活动和故障模式和影响分析(FMEA)以及危险和可操作性研究(HAZOP)的专业工具。

(2) 原因分析。在原因分析中,研究系统从而识别危险(威胁)发生所需的条件。起因是什么?从头脑风暴会议到使用故障树分析和贝叶斯网络,一些技术的存在即是为了寻找这一问题的答案。

(3) 后果分析。对于每一个识别出的危险(威胁),分析这个事件可能导致的后果。后果分析很大程度上是涉及对物理现象(如火灾和爆炸)的理解,并使用各种现象模型。这些模型可能被用于回答这些问题:火势将如何发展?在不同距离处的热量是多少?发生爆炸时的爆炸压力是多少?等等。事件树分析是分析这类可能导致不同结果的情景的常用方法。构成情景的事件序列的步骤数目,主要取决于系统中为了阻碍该序列的始发事件而设置的保护屏障的数目。设置减轻后果的屏障,目的是预防始发事件引发严重的后果。对于每一个屏障,可以进行失效分析来研究其可靠性和有效性。故障树分析是实现这一目标的常用技术。

(4) 概率分析。上述几个阶段的分析给出了一组事件序列(情景),这些情景可能会导致不同的后果。关于情景的详细解读并不能回答不同的情景及其后果有多大可能性的问题。一些情景可能一旦发生就非常严重,但如果发生的可能性很低,那么它们就不那么关键。通过概率模型来反映所研究现象的变化,并为在阶段(2)、(3)中识别和分析的各种事件分配发生概率,可以计算出总概率值和期望后果值。

(5) 风险描述。基于原因分析、后果分析和概率分析,风险描述可由各种度量得到,例如,风险矩阵用来表示计算(分配)的危险(威胁)概率、该事件发生条件下的期望后果、IR、PLL 和 FAR 值。

(6) 风险评价。将风险分析的结果和预定义的标准做对比,例如,风险容许限度和风险接受准则。

目前,PRA 方法论广泛应用于核能发电(如,Vesely 和 Apostolakis,1999;Apostolakis,2004),海上石油活动(如,Falck,Skramstad 和 Berg,2000;Vinnem,2007)和航空运输(如,Netjasov 和 Janic,2008)等行业。

目前,全面定量 PRA 的默认方法是基于 Kaplan 和 Garrick(1981)提出的风险的三元组定义,参见 Kaplan(1992,1997)。在这种方法中,风险定义为可能情景的组合 s,导致的后果 x 和相关的可能性 l。通俗地讲:会发生什么(什么会发生问题)?可能性有多大?后果是什么?在这个概念框架内,(Kaplan,1997)定义了 3 种主要的可能性设定:具有已知频率的重复情况($l=f$,其中 f 是已知的频率概率)、唯一情况($l=p$,p 是主观概率)和具有未知频率的重复情况($l=H(f)$,

其中 H 是未知的/不确定的频率概率 f 的主观概率分布)。当然,第一种情况是第三种情况的特例。最后提到的设定通常使用"频率的概率"方法来处理,其中涉及的所有可能发生的事件被假设具有不确定的发生频率概率,并且用主观概率描述关于频率概率的真实值的认知不确定性。为了简单起见,下面将经常使用"频率"替代"频率概率"。

如下面将要描述的,"频率的概率"方法与标准贝叶斯方法(Aven,2012a)是一致的。它也被 Kaplan(1997,p.409)认为是"迄今为止最一般,最强大和有用的想法",并且在 Paté-Cornell(1996)的分类中,对应于风险分析中不确定性处理复杂度的最高等级。

然而,在本书中,采用更广泛的风险观,即风险的三元组定义,不是风险本身,而是风险描述。在这种观点下,风险评估的结果是一张由概率和后果量化的情景列表,这些情景共同描述风险。正如将在整本书中详细讨论的,这种风险描述差不多足以描述不同情况下的风险和不确定性。

许多教材涉及 PRA 的方法和模型,例如,Andrews 和 Moss(2002);Aven(2008);Cox(2002);Vinnem(2007);Vose(2008)和 Zio(2007,2009)。一些著作也专门介绍基础问题,特别是不确定性和概率的概念,例如,Aven(2012a);Bedford 和 Cooke(2001);Singpurwalla(2006)。

尽管 PRA 中使用的方法已经近乎成熟,但是近年来开发出了许多新的改进方法,用以满足对日益复杂的系统和过程的分析需要,响应新技术系统的引入。其中的许多方法可以在涵盖了物理现象、人和组织因素以及软件动态,Mohaghegh,Kazemi 和 Mosleh(2009)的综合分析框架中,实现对现象和过程的更为详细和精确的模拟。其他方法则专门用于改进风险和不确定性的表征和评估。最近研发的方法包括:贝叶斯信度网络、二进制数字图、多状态可靠性分析和高级蒙特卡罗仿真工具。关于其中部分模型和技术的综述和讨论,参见 Bedford 和 Cooke(2001);Zio(2009)。

概率分析作为 PRA 的基础,基于下列两个概念基础之一:传统的频率方法和贝叶斯方法(Bedford 和 Cooke,2001;Aven,2012a)。传统的频率方法通常应用于存在大量相关数据的情况;它基于统计推断原理、概率模型的使用,概率作为相对频率的解释,点估计,置信区间估计和假设检验。

相比之下,贝叶斯方法基于主观(判断的,基于知识的)概率的概念,并应用于只存在有限数量的数据的情况(Guikema 和 Paté-Cornell,2004)。这个想法是为了初步建立适当地表示随机不确定性(所研究的现象的固有变异性,如一种系统的寿命分布)的概率模型。认知不确定性(反映对模型参数取值的不完整的或缺乏的认知)则由先验主观概率分布表示。当获得关于所研究现象的新数据时,使用贝叶斯公式更新认知不确定性的表达,从而得到后验分布。最后,通过全概率公式推导出所关注量——可观测量(如新系统的寿命)——的预测分布。预测分布是认识性的描述,但它们同样反映了所研究现象的固有变异性,即随机不确定性。

1.3 风险评估的使用:风险管理和决策背景

风险管理可以定义为指导和控制一个组织的关于风险的协调活动(ISO,2009)。如图 1.4 所示,风险管理流程的主要步骤是建立背景,风险评估和风险处理。这里的背景是指组织的内部和外部环境、这些环境的接口、风险管理活动的目的以及适当的风险标准。风险处理是调整风险的过程,可能涉及规避,调整,分担或保留风险(ISO,2009)。

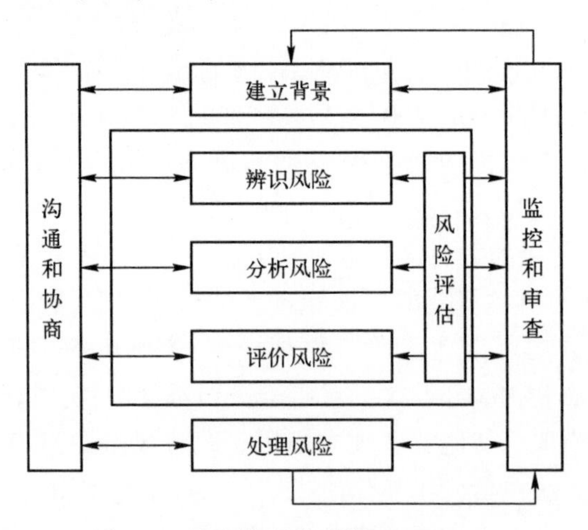

图 1.4 风险管理的过程(ISO,2009)

需要注意的是,根据(ISO,2009),(危险/威胁/机会)来源识别不包括在风险分析当中。然而,许多分析人员和研究人员更倾向于将这一要素纳入风险分析范围的定义,其他要素包括:原因和后果分析以及风险描述;参见 Modarres, Kamiskiy 和 Krivtsov(1999);Aven(2008)。

关于如何在风险管理和决策中使用风险评估和不确定性分析有不同的观点。严格遵守预期效用理论、成本效益分析、随机优化和相关理论可以给出关于最优安排或度量的明确建议。然而,在评估结果影响决策者的意义上,大多数风险研究人员和风险分析人员将风险和不确定性评估视为决策支持工具。决策是风险指引的,但不是基于风险的(Apostolakis,2004)。一般来说,从评估到决策有一个重大的飞跃，如图1.5所示。这个飞跃(通常称为管理评审和判定或风险评估)的组成是文献(Renn,2005;Aven和Renn,2010;Aven和Vinnem,2007)讨论的主题。管理评审和判定关注于警告和预防政策、风险认知以及风险和不确定性以外的其他关注点(属性)。风险和不确定性评估的范围和边界在很大程度上定义了评审和判断的内容，关于这一点将在1.4节中讨论。

图1.5　风险评估与决策之间的飞跃(管理评审和判定)

类似的想法反映在许多风险评估框架中，例如，由美国国家研究委员会US National Research Council(1996,2008)推荐的，用于涉及多个利益相关者的环境恢复决策的分析-审议过程。

越来越多的关于整合决策与不确定性表示(不局限于传统的基于概率的表示)的研究，进一步表明了问题的管理和决策之间的相关性。例如，以鲁棒优化(在不确定模型参数的指定范围内找到最优决策)的最新进展(Ben-Tal和Nemirovski,2002;Beyes和Sendhoff,2007)为支持的鲁棒决策理论。

在本书中，我们将介绍和讨论风险评估中的各种表示和描述不确定性的方法。所讨论的关键问题是如何基于复杂系统(关于系统行为的知识有限)风险评估的常规设定，最好地表达风险及其相关的不确定性，以满足决策者和其他利益相关者的需求。主要驱动因素是决策过程和利用从风险评估中得到的代表性信息来影响和促进这一过程的需求。

因此，本书探讨了如何将风险和不确定性评估的结果呈现给决策者的问题，而不是决策本身。我们在风险(或不确定性)的表示和表征之间，以及风险(或不确定性)管理和相关决策之间做出了明显区分。

1.4　风险评估中不确定性的处理

谈到风险评估中的不确定性，大多数分析者会想到概率模型的参数的不确定性，如1.1.3.2中的频率概率 p。根据传统的统计方法，不确定性可用置信区间或由贝叶斯方法表示。在贝叶斯方法中，使用主观(判断的、基于知识的)概率表示关于参数的认知不确定性。这种类型的不确定性分析是风险评估的一个组成部分。

然而，不确定性分析也独立于风险评估(Morgan和Henrion,1990)。正式地，不确定性分析是指确定由分析(包括分析中使用的方法和模型)的输入的不确定性导致的分析结果的不确定性的活动(Helton 等,2006)。

我们可以通过引入模型 $g(X)$ 来阐述不确定性分析的思想,$g(X)$ 取决于输入量 X 和函数 g,Z 通过模型 $g(X)$ 来计算。关于 Z 的不确定性分析需要评估 X 的不确定性以及其通过模型 g 的传播,以生成关于 Z 的不确定性的评估,如图 1.6 所示。与模型结构 g 有关的不确定性,即关于误差 $Z-g(X)$ 的不确定性,通常会被单独处理(Devooght, 1998; Zio 和 Apostolakis, 1996; Baraldi 和 Zio, 2010)。实际上,尽管围绕 X 的不确定性的影响已经开展了广泛的研究,并且开发出了许多用于处理该问题的复杂方法,但是为了实现更为有效而一致的处理,与模型结构相关的不确定性研究仍在继续(Parry 和 Drouin,2009)。关于模型不确定性的处理方法和思想的更多介绍,参见 Mosleh 等人(1994)。基于上述元素 Z 和 $g(X)$ 而开发出的不确定性分析和管理的整体框架,参见(de Rocquigny,Devictor 和 Tarantola,2008);Helton 等人(2006)和 Aven(2010a)。

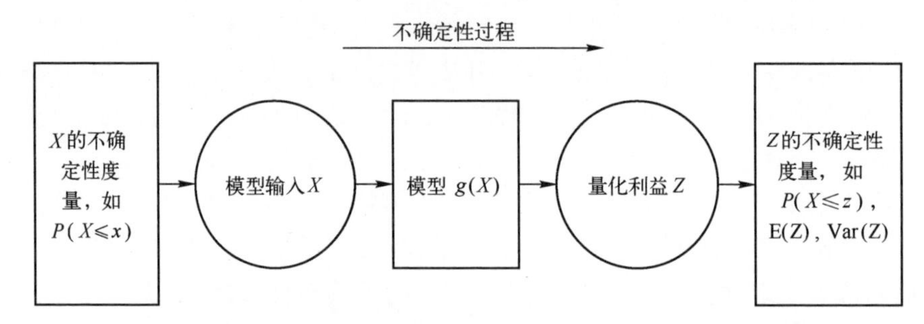

图 1.6　风险分析的基本特征(de Rocquigny,Devictor 和 Tarantola,2008;Helton 等,2006;Aven,2010a)

这些框架同样适用于风险评估。例如,Z 可以是感兴趣的某个高层次事件,如在海上 QRA 设定中的井喷或核 PRA 设定中的核心熔毁,X 可以是一组低层次事件,它们的各种组合可能导致高层事件的发生。

X 和 Z 也可以是频率概率,表示相似项目构成的大量总体(理论上应为无限总体)中的比例,即概率模型的参数。例如,1.1.3 节中介绍的频率概率 p,即某人罹患特定疾病的频率概率。在这种情况下,评估与 1.1.3 节末尾简述的“频率的概率”方法相一致,该方法采用主观概率表示未知频率概率的认知不确定性(Kaplan 和 Garrick,1981)。

最后,补充一个关于敏感性分析的说明,它与不确定性分析不同,尽管它们密切相关。敏感性分析反映了所考虑指标对基本输入量(如参数值、假设和设定)的变化的敏感程度(Saltelli 等人,2008;Cacuci 和 Ionescu-Bujor,2004;Frey 和 Patil,2002;Helton 等人,2006)。在不确定性分析的背景下,敏感性分析有更为具体的定义:例如,根据 Helton 等人(2006),敏感性分析是指确定每个不确定性输入对分析结果的贡献。

在工程风险评估中,如上面关于贝叶斯方法所提到的,通常在随机和认知不确定性之间加以区分(Apostolakis,1990;Helton 和 Burmaster,1996),如图 1.7 所示。随机不确定性是指总体中的变化,而认知不确定性是指对现象相关知识的缺乏。后者通常转化为用于描述变化的概率模型参数的不确定性。认知不确定性可以被减少,但是随机不确定性不能减少,它有时称为不可约不确定性(Helton 和 Burmaster,1996)。随机不确定性(Aleatory Uncertainty)有多种别称,如 Stochastic Uncertainty(Helton 和 Burmaster,1996)、Randomness(Random) Variation(Aven,2012a)或(Random) Variability(Baudrit, Dubois 和 Guyonnet,2006)。进行随机不确定性分析,需要大量(理论上应为无限)"相似"但不相同的单元(实现)构成的总体,例如,批量生产的单元总体,人类总体或一个骰子投掷序列。认知不确定性(Epistemic uncertainty)的别称,如 Subjective Uncertainty(Helton 和 Burmaster,1996)、(Partial) Lack of Knowledge(Aven,2012a)或 Partial Ignorance(Ferson 和 Ginzburg,1996)。

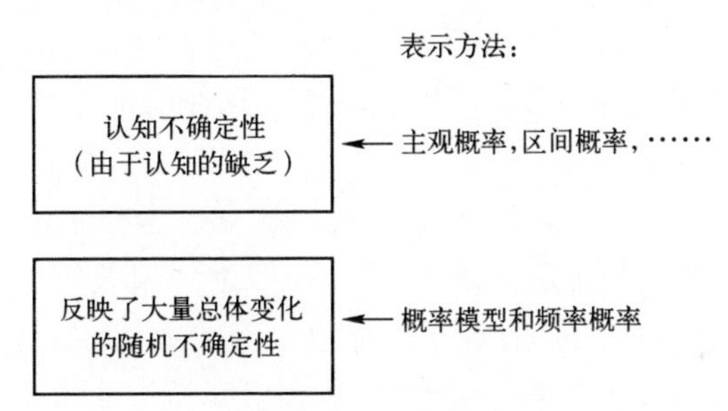

图 1.7 两类不确定性的说明,随机的和认知的,以及它们如何表示

回到 1.1.3.2 节的健康风险实例,二项概率模型和频率概率 p 代表了随机不确定性,即总体的变化,而主观概率分布 $H(p')$ 描述了认知不确定性,反映了评估者对 p 的真值的判断。

1.5 挑战:讨论

在上面的所有示例中,使用概率来描述风险。然而,越来越多的研究者和分析者发现基于概率的方法评估风险和不确定性过于狭隘(Renn,1998;Aven 和 Zio,2011;Aven,2011b)。关于这一点的论证角度是多样的。其中一个要点是,风险并不局限于一些分析者给出的主观概率,后者可能基于较强的假设,因而导致对 Z 的预测不准。分析者可能为"由使用新药引发的健康问题"分配一个较低的概率,对于经历这一问题的实际人数来说,该概率可能会生成一个不准确的预测。例如,分析者基于"设施结构能够承受某个意外碰撞能量负载"的假设,为"海上设施发生死亡事件"分配一个概率,然而实际上,该结构可能在较低的负载水平下失效:所分配的概率并没有反映出这种不确定性。

虽然概率总是可以用主观概率的方法分配,但支持该分配信息的来源和数量并没有反映在生成的数字上。例如,分析者可以主观地评估两个不同事件具有等于0.7的概率,但是在一种情况下,该分配由大量相关数据支持,而在另一种情况下实际上根本没有数据支持。这是批判基于概率处理风险和不确定性方法的主要论点。

另一个重要的论点与决策环境有关。在风险评估背景下,通常有许多利益相关者,他们可能不满意于反映分析人员主观判断的基于概率的评估,他们寻求更广泛的风险描述。

概率模型是概率方法的支柱,是评估不确定性和提出有用见解的重要工具(Helton,1994;Winkler,1996)。概率模型连续而机械地促进概率的更新。但是,对于许多类型的应用,这些模型不能被调节,因而运用基于概率的方法处理风险和不确定性很难实现。概率模型假设具有某种稳定性,需要建立相似单元的总体。但这种稳定性通常难以实现(Bergman,2009;Aven 和 Kvaløy,2002)。考虑几率的定义,在骰子的例子中,我们可以建立一个概率模型($p_1,p_2,\cdots,p_6$)来表示结果的分布,其中 p_i是结果 i 的几率,即为一组投掷中结果 i 所占的比例。然而在风险评估背景下,情景往往是独一无二的,几率的建立意味着构建不存在的相似情景的虚构总体。因此,几率和概率模型通常不能像骰子的例子那样简单的定义,在许多情况下,它们甚至不能被有意义地定义。例如,定义恐怖袭击的概率(频率概率)是没有意义的(Aven 和 Renn,2010,第 80 页)。在其他情况下,这个结论可能不那么显而易见。例如,风险评估中可能会引入流程工厂爆炸的机会,尽管该事件对应的无限相似情况构成的潜在总体在某种程度上难以描述。

1.5.1 示例

1.5.1.1 LNG 工厂的风险

一个 LNG(液化天然气)工厂在筹建时,运营者希望将该工厂定位在距离住宅区不超过几百米的地方(Vinnem,2010)。为证明根据某些预定义的风险接受准则,该项目的风险是可接受的,分析者对该项目进行了风险评估。风险用计算得到的概率和期望值表示。评估还给出了 IR 数和 f-n 曲线。然而,这项评估和相关的风险管理遭到了强烈的批评。附近居民以及许多独立专家认为该风险表征并未结合足够的信息来支持对工厂的位置和设计的决策，且缺乏敏感性分析以及对不确定性的反映。所生成的风险数字基于许多关键假设，这些假设既没有整合到所提出的风险表征中，又没有由运营者传达出来。

这种类型的风险评估已经进行了很多年（Kolluru 等，1996），但问题还是一样的，依然提供着狭隘的风险表征。一个可能的原因是，承认不确定性可能削弱决策者和机构的权威，产生一个缺乏知识的形象（Tickner 和 Kriebel，2006）。这里不会进一步讨论这个问题，而要指出的一点是，导致这些问题的原因之一是风险评估所持有的观点。大多数风险评估的权威指南（Bedford 和 Cooke，2001；Vose，2008）支持的常规观点，十分认可"狭隘的"基于概率的评估，如 LNG 的例子。基于这一点，评估可能因为不充足的、约束性过强的敏感性分析和不确定性分析而遭受批评，但不会因为系统性地隐藏或掩饰不确定性而遭受非议。

1.5.1.2　恐怖主义风险

基于当下的许多突发风险，对于扩展方法的需求越发迫切。以恐怖袭击风险为例，这里的风险评估大多着眼于估计袭击概率 P（袭击）。但是这种概率的意义是什么？常规评估是基于概率模型的，因此需要定义频率概率或几率 $p=P$（袭击）。如上面所述，这样的解释是没有意义的（Aven 和 Renn，2010，第 80 页）。为了定义这样的概率（几率），我们需要构造相似袭击情形的无限总体，其中成功袭击的比例等于袭击的概率。但是，定义一大组"相同"的独立袭击情形是没有意义的，其中一些方面（如与潜在攻击者和政治环境相关的因素）是固定的，而其他方面（如攻击者的动机）是可变的。假设袭击成功率为 10%，那么在 1000 例袭击中，假设袭击者和政治背景固定不变，袭击者将成功袭击大约 100 例。只有在成功的情况下，袭击者是被动机激发的。一种情况下的袭击动机不会影响另一种情况下的动机。对于独立重复的随机情况，这样的"试验"是有意义的，但对于像这样的特殊情况则不然。尽管如此，许多研究人员和分析者仍在这样的风险评估框架内工作。

1.5.2　基于概率的风险与不确定性评估方法的替代方法

基于上述批判，提出用于表示和描述风险与不确定性的替代方法并不为奇；参见 *Journal of Statistical Theory and Practice*（JSTP，2009）关于非精确的特刊、*Journal of Risk and Reliability*（JRR，2010）关于工程风险和可靠性的不确定性的特刊、*Reliability Engineering and System Safety*（RESS，2004）关于认知不确定性的替代的表式方法的特刊。替代方法的 4 个主要类别如下（Dubois，2010；Aven 和 Zio，2011）。

(1) 概率边界分析,结合概率分析和区间分析(Ferson 和 Ginzburg,1996)。区间分析适用于那些不能精确估计其随机不确定性的组件;对于其他组件,则进行传统的概率分析。

(2) 非精确概率,在 Walley(1991)和鲁棒统计领域(Berger,1994)之后(Coolen,Augustin 和 Troffaes,2010;Klir,2004),非精确概率包含概率边界分析、证据和可能性理论的某些方面作为它的特殊情况。

(3) 证据理论(或信度函数理论),由 Dempster(1967)和 Shafer(1976)提出,与随机集理论(Nguyen,2006)联系紧密。

(4) 可能性理论(Dubois 和 Prade,1988,2009;Dubois,2006),形式上是非精确概率和随机集理论的特殊情况。

本书将全面地回顾和讨论这些方法,并尝试结合不同的方法,例如,概率分析和可能性理论,其中一些参数的不确定性由概率分布表示,其余参数的不确定性由可能性分布方法表示;参见 Baudrit,Dubois 和 Guyonnet(2006);Baraldi 和 Zio(2008);Flage 等人(2013);Helton,Johnson 和 Oberkampf(2004)。

所有这些方法能够生成基于认知的不确定性描述,尤其是以区间的形式,但它们还没有被风险评估界广泛接受。这一领域已经做出了许多努力,但仍然存在许多与这些方法的基础及其在风险和不确定性决策中的使用有关的开放性问题;参见 Cooke,2004;Smets,1994;Lindley,2000,Aven,2011a;Bernardo 和 Smith,1994;North,2010 中的讨论。许多风险研究者和风险分析者对使用替代方法(如上述 4 个类别(1)~(4)中的方法)表示和处理决策风险评估中的不确定性持怀疑态度,甚至强烈反对;参见 North(2010,第 380 页)。

如上所述,基于概率的方法不能解决所提出的问题。决策基础不能局限于分配的概率:需要超越传统的贝叶斯方法;需要一个更广阔的观点和框架。本书正是基于这样的信念。事实上,目前没有关于何时使用概率和何时使用不确定性的替代表示方法的全面而权威的指导。主要的挑战是定义适合用概率表示不确定性的条件。人们通常提出的一个论点是,只有当存在足够数量的数据作为概率(分布)的基础时,概率才是不确定性的适当表示。但是,这一规则的操作界限并不清晰(Flage,2010)。考虑概率模型参数的不确定性表示,如果存在足够大量的数据,则将不存在关于参数的不确定性,因此也就无需这种不确定性的表示。在什么情况下数据量足以验证概率,但又不足以准确地指出所讨论的参数的真实值,从而使得概率作为认知的概念是多余的?

被提出用于表示不确定性的还有其他方法,如基于最大熵原理的方法。这种方法不需要指定整个概率分布,而只需要指定分布的一些特征,如平均值和方差;然后,应用数学过程获得由特定特征和(在某种意义上的)此外的最小信息表征的分布,参见 Bedford 和 Cooke(2001)。另一种方法是由 Groen 和 Mosleh (2005)提出的含有部分不确定的证据的概率推断,该方法是贝叶斯定理的一般化推演。

从更广阔的角度来看,可以识别风险分析中的不确定性(替代)表示的不同发展方向(Flage,2010)。根据 Lindley(2006)以及 O'Hagan 和 Oakley(2004)的观点:一个方向是保持概率为不确定性的唯一表示,并专注于改进概率的度量程序;另一个方向是达成一种半定量方法,其中定量风险度量由对这些度量的背景知识的丰富度的定性评估来支持(Aven,2013)。这种方法基于的认知和理念是:风险和不确定性的完整内涵无法通过使用概率或任何其他不确定性度量转化为数学公式。我们可以生成一些数字,但是这些数字本身不足以实现风险评估的目的,即揭示并描述风险和不确定性。此外,就解释的二元性而言,那些影响概率(限制相对频率与信任程度)的因素,同样影响可能性理论(兼容度或易用度与概率下界和概率上界)和信度函数理论(信任程度本身与概率下界和概率上界)(Flage,2010)。另一个方向是:首先评估概率上界和概率下界与其他表达是否适当地实现了风险分析的目的;然后制定一个如上述贝叶斯设定中的合适的基本依据;最后基于不同表示的组合建立一个统一的方法。这些发展方向将在第7章进行进一步的研究。

1.5.3 前进的道路

在考虑表示和表征风险评估中不确定性的方法时,需要权衡以下两个主要问题:

(1) 知识应尽可能是主体间的,即表达应与"记录的和批准的"信息和知识(证据)相一致;用于处理该知识的方法和模型不应该添加原本没有的信息,也不应该忽略原有的信息。

(2) 应清晰地反映分析者的判断(信任程度)。

第一个问题使得纯贝叶斯方法在某些情况下难以应用:当可用的信息和知识十分稀少时,分析者提供的主观概率分布可能是不合理的,因为这导致了所建立的结构依托于原本并不存在的信息和知识。例如,如果专家基于一个参数的可能值范围给出不确定性评估,并不能证明在这一取值范围上的分布一定服从某一特定概率分布函数(均匀概率分布)。基于这一观点,可以说,一个对可用信息和知识高度保守的(约束性)表示,应当使分析对所评估范围上的所有可能的概率分布结构是开放的,不限制于一种分布结构,也不排除任何分布结构,从而提供可约束所有可能分布的结果。

同时,表示框架还应考虑上述第二个问题,即允许透明地采纳专家(分析人员)的优先分配,他们希望表达:根据他们的信念,一些值比其他值更有可能。贝叶斯方法便是这种分配的适当框架。

从风险评估中不确定性的定量建模的角度来看,正确处理不确定参数和模型不确定性之间的相关性是两个热点问题。无论采用什么样的建模模式,关键是要澄清各种概念的含义。没有这样的澄清,就不可能建立一个有科学基础的风险评估。在复杂情况下,当不确定性传播基于许多参数时,可能需要较强的假设使得在实践中能够进行分析。风险分析者可能承认一定程度的相关性,但分析可能无法以适当的方式描述这种相关性。所得到的不确定性表示必须在这一约束之下作为度量来理解和传达。在实践中,分析者的主要任务是寻求系统性能的简单表示。独立性是有可能通过敏捷建模获取的。对于基于认知的不确定性表示,所使用的模型也属于其背景知识。我们寻求的不仅是准确的模型,而且是简单的模型。对正确模型的选择同样是风险评估的目标之一。

将风险和不确定性评估作为决策支持工具,需要将所计算的量的含义和实际解释以可理解的形式呈现并传达给决策者。这一形式必须使其与数值安全标准(如果有)能够进行有意义的比较,以便于审议过程中的操作(如筛选、约束和(或)敏感性分析)和交流。这个问题已经被许多研究者在文献中解决;参见Aven(2010b),Dubois(2010),Dubois 和 Guyonnet(2011)以及 Renn(2008)中的讨论。然而,仍有许多问题有待回答,例如,Aven(2010b)和 Dubois(2010)的辩论所揭示的:决策者需要什么类型的信息以得到风险的指引。将在后续的章节中详细地讨论这个问题。

下面将对用于表示和表征风险评估中不确定性的最常见和最恰当的技术和方法进行详细地回顾和讨论。这些回顾和讨论将基于本章中介绍的风险评估和不确定性分析的观点和框架。这种观点和框架在贝叶斯方法之上有所扩展。我们认为完整的风险不确定性描述不仅仅是主观概率。风险是关于危险(威胁)、其后果和相关的不确定性的,为了评估风险可以使用各种工具来度量不确定性。在后续章节中,将仔细研究这些工具中最重要的工具,以提供一个改进的基准,帮助读者选择合适的技术和方法表示和描述风险评估中的不确定性。

第一部分　参考文献

Andrews, J. D. and Moss, T. R. (2002) Reliability and Risk Assessment, 2nd edn, Professional Engineering Publishing, London.

Apostolakis, G. (1990) The concept of probability in safety assessments of technological systems. Science, **250** (4986), 1359–1364.

Apostolakis, G. E. (2004) How useful is quantitative risk assessment? Risk Analysis, **24**, 515–520.

Aven, T. (2008) Risk Analysis, John Wiley & Sons, Ltd, Chichester.

Aven, T. (2010a) Some reflections on uncertainty analysis and management. Reliability Engineering and System Safety, **95**, 195–201.

Aven, T. (2010b) On the need for restricting the probabilistic analysis in risk assessments to variability. Risk Analysis, **30** (3), 354–360. With discussion on pp. 361–384.

Aven, T. (2011a) On the interpretations of alternative uncertainty representations in a reliability and risk analysis context. Reliability Engineering and System Safety, **96**, 353–360.

Aven, T. (2011b) Selective critique of risk assessments with recommendations for improving methodology and practice. Reliability Engineering and System Safety, **5**, 509–514.

Aven, T. (2012a) Foundations of Risk Analysis, 2nd edn, John Wiley & Sons, Ltd, Chichester.

Aven, T. (2012b) The risk concept: historical and recent development trends. Reliability Engineering and System Safety, **99**, 33–44.

Aven, T. (2013) Practical implications of the new risk perspectives. Reliability Engineering and System Safety, **115**, 136–145.

Aven, T. and Kvaløy, J. T. (2002) Implementing the Bayesian paradigm in risk analysis. Reliability Engineering and System Safety, **78**, 195–201.

Aven, T. and Renn, O. (2009) On risk defined as an event where the outcome is uncertain. Journal of Risk Research, **12**, 1–11.

Aven, T. and Renn, O. (2010) Risk Management and Risk Governance, Springer Verlag, London.

Aven, T. and Vinnem, J. E. (2007) Risk Management, with Applications from the Offshore Oil and Gas Industry, Springer Verlag, New York.

Aven, T. and Zio, E. (2011) Some considerations on the treatment of uncertainties in risk assessment for practical decision-making. Reliability Engineering and System Safety, **96**, 64–74.

Baraldi, P. and Zio, E. (2008) A combined Monte Carlo and possibilistic approach to uncertainty propagation in event tree analysis. Risk Analysis, **28**(5), 1309–1325.

Baraldi, P. and Zio, E. (2010) A comparison between probabilistic and Dempster-Shafer theory approaches to model uncertainty analysis in the performance assessment of radioactive waste repositories. Risk Analysis, **30** (7), 1139–1156.

Baudrit, C., Dubois, D., and Guyonnet, D. (2006) Joint propagation of probabilistic and possibilistic information in risk assessment. IEEE Transactions on FuzzySystems, **14**, 593–608.

Bedford, T. and Cooke, R. (2001) Probabilistic Risk Analysis: Foundations and Methods, Cambridge University Press, Cambridge.

Ben-Tal, A. and Nemirovski, A. (2002) Robust optimization-methods and applications. Mathematical Programming, **92**(3), 453-480.

Berger, J. (1994) An overview of robust Bayesian analysis. Test, **3**, 5-124.

Bergman, B. (2009) Conceptualistic pragmatism: a framework for Bayesian analysis? IIE Transactions, **41**, 86-93.

Bernardo, J. M. and Smith, A. F. M. (1994) Bayesian Theory, John Wiley & Sons, Ltd, Chichester.

Beyes, H. G. and Sendhoff, B. (2007) Robust optimization-a comprehensive survey. Computer Methods in Applied Mechanics and Engineering, **196**(33-34), 3190-3218.

Cacuci, D. G. and Ionescu-Bujor, M. A. (2004) Comparative review of sensitivity and uncertainty analysis of large-scale systems-II: statistical methods. Nuclear Science and Engineering, **147**(3), 204-217.

Cooke, R. (2004) The anatomy of the squizzel: the role of operational definitions in representing uncertainty. Reliability Engineering and System Safety, **85**, 313-319.

Coolen, F., Augustin, C. T., and Troffaes, M. C. M. (2010) Imprecise probability, in International Encyclopedia of Statistical Science (ed. M. Lovric), Springer Verlag, Berlin, pp. 645-648.

Cox, L. A. (2002) Risk Analysis: Foundations, Models, and Methods, Kluwer Academic, Boston, MA.

de Rocquigny, E., Devictor, N., and Tarantola, S. (eds.) (2008) Uncertainty in Industrial Practice: A Guide to Quantitative Uncertainty Management, John Wiley & Sons, Inc., Hoboken, NJ.

Dempster, A. P. (1967) Upper and lower probabilities induced by a multivalued mapping. Annals of Mathematical Statistics, **38**, 325-339.

Devooght, J. (1998) Model uncertainty and model inaccuracy. Reliability Engineering and System Safety, **59**, 171-185.

Dubois, D. (2006) Possibility theory and statistical reasoning. Computational Statistics & Data Analysis, **51**, 47-69.

Dubois, D. (2010) Representation, propagation and decision issues in risk analysis under incomplete probabilistic information. Risk Analysis, **30**, 361-368.

Dubois, D. and Guyonnet, D. (2011) Risk-informed decision-making in the presence of epistemic uncertainty. International Journal of General Systems, **40**, 145-167.

Dubois, D. and Prade, H. (1988) Possibility Theory, Plenum Press, New York.

Dubois, D. and Prade, H. (2009) Formal representations of uncertainty, in Decision-Making Process: Concepts and Methods (eds. D. Bouyssou, D. Dubois, M. Pirlot, and H. Prade), ISTE, London, pp. 85-156.

Falck, A., Skramstad, E., and Berg, M. (2000) Use of QRA for decision support in the design of an offshore oil production installation. Journal of Hazardous Materials, **71**, 179-192.

Ferson, S. and Ginzburg, L. R. (1996) Different methods are needed to propagate ignorance and variability. Reliability Engineering and System Safety, **54**, 133-144.

Flage, R. (2010) Contributions to the treatment of uncertainty in risk assessment and management. PhD thesis No. 100, University of Stavanger.

Flage, R., Baraldi, P., Ameruso, F. et al. (2010) Handling Epistemic Uncertainties in Fault Tree Analysis by Probabilistic and Possibilistic Approaches, ESREL 2009, Prague, 7-10 September 2009. CRC Press, London, pp. 1761-1768.

Flage, R., Baraldi, P., Zio, E., and Aven, T. (2013) Probabilistic and possibilistic treatment of epistemic uncertainties in fault tree analysis. Risk Analysis, **33**(1), 121–133.

Frey, H. C. and Patil, S. R. (2002) Identification and review of sensitivity analysis methods. Risk Analysis, **22**(3), 553–578.

Groen, F. J. and Mosleh, A. (2005) Foundations of probabilistic inference with uncertain evidence. International Journal of Approximate Reasoning, **39**, 49–83.

Guikema, S. D. and Paté-Cornell, M. E. (2004) Bayesian analysis of launch vehicle success rates. Journal of Spacecraft and Rockets, **41**(1), 93–102.

Helton, J. C. (1994) Treatment of uncertainty in performance assessments for complex systems. Risk Analysis, **14**, 483–511.

Helton, J. C. and Burmaster, D. E. (1996) Guest editorial: treatment of aleatory and epistemic uncertainty in performance assessments for complex systems. Reliability Engineering and System Safety, **54**, 91–94.

Helton, J. C., Johnson, J. D., and Oberkampf, W. L. (2004) An exploration of alternative approaches to the representation of uncertainty in model predictions. Reliability Engineering and System Safety, **85**(1–3), 39–71.

Helton, J. C., Johnson, J. D., Sallaberry, C. J., and Storlie, C. B. (2006) Survey of sampling-based methods for uncertainty and sensitivity analysis. Reliability Engineering and System Safety, **91**, 1175–1209.

IAEA (1995) Guidelines for Integrated Risk Assessment and Management in Large Industrial Areas, Technical Document: IAEA-TECDOC PGVI-CIJV, International Atomic Energy Agency, Vienna.

IEC (1993) Guidelines for Risk Analysis of Technological Systems, Report IEC-CD (Sec) 381 issued by Technical Committee QMS/23, European Community, Brussels.

ISO (2009) ISO 31000:2009, Risk management—Principles and guidelines.

Jonkman, S. N., van Gelder, P. H. A. J. M., and Vrijling, J. K. (2003) An overview of quantitative risk measures for loss of life and economic damage. Journal of Hazardous Materials, **99**(1), 1–30.

JRR (2010) Special issue on uncertainty in engineering risk and reliability. Journal of Risk and Reliability, **224**(4) (eds. F. P. A. Coolen, M. Oberguggenberger, and M. Troffaes).

JSTP (2009) Special issue on imprecision. Journal of Statistical Theory and Practice, **3**(1).

Kaplan, S. (1997) The words of risk analysis. Risk Analysis, **17**, 407–417.

Kaplan, S. (1992) Formalism for handling phonological uncertainties: the concepts of probability, frequency, variability, and probability of frequency. Nuclear Technology, **102**, 137–142.

Kaplan, S. and Garrick, B. J. (1981) On the quantitative definition of risk. Risk Analysis, **1**, 11– 27.

Klir, G. J. (2004) Generalized information theory: aims, results, and open problems. Reliability Engineering and System Safety, **85**, 21–38.

Kolluru, R., Bartell, S., Pitblado, R., and Stricoff, S. (eds.) (1996) Risk Assessments and Management Handbook, McGraw-Hill, New York.

Lindley, D. V. (2000) The philosophy of statistics. The Statistician, **49**(3), 293–337.

Lindley, D. V. (2006) Understanding Uncertainty, John Wiley & Sons, Inc., Hoboken, NJ.

Modarres, M., Kamiskiy, M., and Krivtsov, V. (1999) Reliability Engineering and Risk Analysis, CRC Press, Boca Raton, FL.

Mohaghegh, Z., Kazemi, R., and Mosleh, A. (2009) Incorporating organizational factors into Probabilistic Risk Assessment (PRA) of complex socio-technical systems: a hybrid technique formalization. Reliability Engineering and System Safety, **94**, 1000–1018.

Morgan, M. G. and Henrion, M. (1990) Uncertainty, in A Guide to Dealing with Uncertainty in Quantitative Risk and Policy Analysis, Cambridge University Press, Cambridge.

Mosleh, A., Siu, N., Smidts, C., and Lui, C. (eds.) (1994) Model uncertainty: its characterization and quantification. Report NUREG/CP-OI38. US Nuclear Regulatory Commission, Washington, DC.

Netjasov, F. and Janic, M. (2008) A review of research on risk and safety modeling in civil aviation. Journal of Air Transport Management, **14**, 213-220.

Nguyen, H. T. (2006) An Introduction to Random Sets, CRC Press, Boca Raton, FL.

North W (2010) Probability theory and consistent reasoning. Risk Analysis, **30**(3), 377-380.

NRC (1975) Reactor Safety Study, an Assessment of Accident Risks. Wash 1400. Report NUREG-75/014. US Nuclear Regulatory Commission, Washington, DC.

O'Hagan, A. and Oakley, J. E. (2004) Probability is perfect, but we can't elicit it perfectly. Reliability Engineering and System Safety, **85**, 239-248.

Parry, G. and Drouin, M. T. (2009) Risk-Informed Regulatory Decision-Making at the U. S. NRC: Dealing with model uncertainty. US Nuclear Regulatory Commission, Washington, DC.

Paté-Cornell, M. E. (1996) Uncertainties in risk analysis: six levels of treatment. Reliability Engineering and System Safety, **54**(2-3), 95-111.

Rechard, R. P. (1999) Historical relationship between performance assessment for radioactive waste disposal and other types of risk assessment. Risk Analysis, **19**(5), 763-807.

Rechard, R. P. (2000) Historical background on performance assessment for the waste isolation pilot plant. Reliability Engineering and System Safety, **69**(3), 5-46.

Renn, O. (1998) Three decades of risk research: accomplishments and new challenges. Journal of Risk Research, **1**(1), 49-71.

Renn, O. (2005) Risk Governance. White Paper no. 1, International Risk Governance Council, Geneva.

Renn, O. (2008) Risk Governance: Coping with Uncertainty in a Complex World, Earthscan, London.

RESS (2004) Special issue on alternative representations of epistemic uncertainty. Reliability Engineering and System Safety, **88**(1-3) (eds. J. C. Helton and W. L. Oberkampf).

Saltelli, A., Ratto, M., Andres, T. et al. (2008) Global Sensitivity Analysis: The Primer, John Wiley & Sons, Inc., Hoboken, NJ.

Shafer, G. (1976) A Mathematical Theory of Evidence, Princeton University Press, Princeton, NJ.

Singpurwalla, N. D. (2006) Reliability and Risk: A Bayesian Perspective, John Wiley & Sons, Ltd, Chichester.

Smets, P. (1994) What is Dempster-Shafer's model?, in Advances in The Dempster-Shafer Theory of Evidence (eds. R. R. Yager, M. Fedrizzi, and J. Kacprzyk), John Wiley & Sons, New York, pp. 5-34.

Tickner, J. and Kriebel, D. (2006) The role of science and precaution in environmental and public health policy, in Implementing the Precautionary Principle (eds E. Fisher, J. Jones, and R. von Schomberg), Edward Elgar Publishing, Northampton, MA, USA.

US National Research Council (1996) Understanding Risk: Informing Decisions in a Democratic Society, National Academy Press (NAP), Washington, DC.

US National Research Council (of the National Academies) (2008) Public Participation in Environmental Assessment and Decision Making, National Academy Press (NAP), Washington, DC.

Vesely, W. E. and Apostolakis, G. E. (1999) Developments in risk-informed decision-making for nuclear power plants. Reliability Engineering and System Safety, **63**, 223-224.

Vinnem, J. E. (2007) Offshore Risk Assessment: Principles, Modelling and Applications of QRA Studies, 2nd edn, Springer, London.

Vinnem, J. E. (2010) Risk analysis and risk acceptance criteria in the planning processes of hazardous facilities– a case of an LNG plant in an urban area. Reliability Engineering and System Safety, **95**(6), 662–670.

Vose, D. (2008) Risk Analysis: A Quantitative Guide, 3rd edn, John Wiley & Sons, Ltd, Chichester.

Walley, P. (1991) Statistical Reasoning with Imprecise Probabilities, Chapman & Hall, New York.

Winkler, R. L. (1996) Uncertainty in probabilistic risk assessment. Reliability Engineering and System Safety, **85**, 127–132.

Zio, E. (2007) An Introduction to the Basics of Reliability and Risk Analysis, World Scientific, Hackensack, NJ.

Zio, E. (2009) Reliability engineering: old problems and new challenges. Reliability Engineering and System Safety, **94**, 125–141.

Zio, E. and Apostolakis, G. E. (1996) Two methods for the structured assessment of model uncertainty by experts in performance assessments of radioactive waste repositories. Reliability Engineering and System Safety, **54**, 225–241.

第二部分　方法

在第二部分中，将回顾和讨论表示不确定性的几种方法，以及在风险评估背景下处理不确定性的相关方法。参考的关键点是下面的特征列表，它们指明了从不确定性的数学表示中预期得到什么（Bedford 和 Cooke，2001，第 20 页）：

公理：指定不确定性的形式性质。

解释：将公理中的原始术语与可观察的现象连接。

度量步骤：提供补充假设，解释公理系统的实用方法。

我们将特别谈谈第二个问题。为了说明，本书将在演示中使用一些简单的例子。为了强调关键的概念特征和想法，第二部分的例子与第三部分中更全面的应用相比，相对基础。

例Ⅱ.1

考虑化学反应器的操作（图Ⅱ.1），其中在反应器冷却系统故障之后可能发生不同的情况。

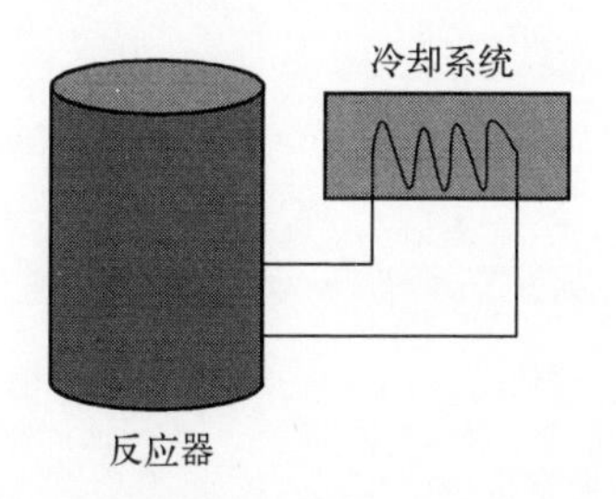

图Ⅱ.1　化学反应器和冷却系统的方案

使 D 表示冷却系统的故障事件。根据故障事件造成的在反应器内达到的最大温度 T_{max}，将所得到的情景按照逐级增高的危险程度进行分类（图Ⅱ.2）：

安全的（SA），最大温度为 100~150℃，即 $T_{max} \in [100,150)$℃

边缘的（MA），$T_{max} \in [150,200)$℃

危险的（CR），$T_{max} \in [200,300)$℃

灾难的（CA），$T_{max} \in [300,500)$℃

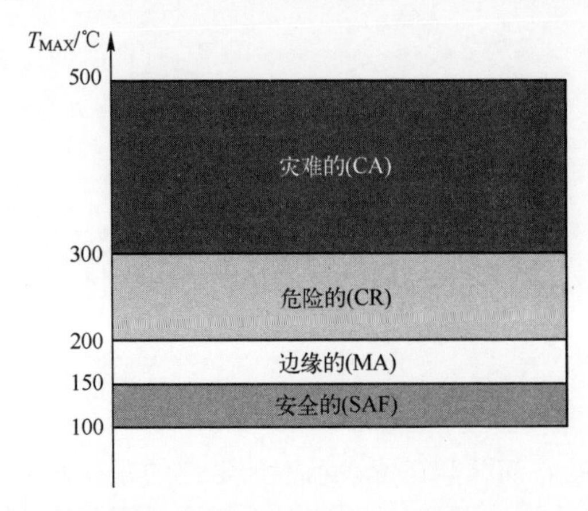

图Ⅱ.2　根据由于故障事件的结果在反应器内达到最大温度 T_{max} 的情况进行分类

由于物理原因,最高温度 T_{max} 不会低于 100℃或高于 500℃。

我们首先考虑概率表示,这是在风险评估设置中最常用的,而且其他表示也由此建立。

第 2 章　处理不确定性的概率方法

概率一直是,并且将继续是风险评估背景下的一个基本概念。与本书中考虑的其他不确定性测度不同,概率方法是一个单值的测度。

Kolmogorov(1933)提出了概率的共同公理基础。使 $A, A_1, A_2, \cdots$ 表示样本空间 S 中的事件。假设以下概率公理成立:

$$\begin{cases} 0 \leqslant P(A) \\ P(S) = 1 \\ P(A_1 \cup A_2 \cup \cdots) = P(A_1) + P(A_2) + \cdots \end{cases} \tag{2.1}$$

对于所有,有 $A_i \cap A_j = \varnothing (i \neq j)$。

这些公理指定概率是非负、归一化和可加的度量。

由不同的操作性解释或概念性解释,可以将概率方法分为几类。其中最常见的是古典、相对频率、主观和逻辑。

现代概率理论不是基于概率的特定解释,尽管其标准语言最适合于古典和相对频率解释(Aven,2012)。在风险评估的背景下,相对频率和主观解释是最常见的。频率概率被广泛地认为是大量总体变化(适当的不确定性)的适当表示,也是不确定性的替代的表示方法之一;参见 Baudrit, Dubois, Guyonnet(2006);Ferson 和 Ginzburg(1996)。主观解释也广泛应用于风险评估(Bedford 和 Cooke,2001),其中概率被理解为信任程度的描述和认知不确定性的测量。在风险评估的背景下,概率的经典和逻辑解释具有较少的相关性,下面的章节中将回顾并讨论上述解释。该回顾在很大程度上取自或基于 Aven(2013a),涵盖了贝叶斯主观概率框架,其通过几率这个概念提供了主观概率和极限相对频率之间的联系。

2.1　古典概率

概率的古典解释可追溯到 de Laplace(1812)。它只适用于等可能并且有限结果的情形下。事件 A 的概率等于导致事件 A 的结果数量与所有可能结果的

总数之间的比,即

$$P(A)=\text{导致 } A \text{ 的结果数量/可能结果的总数} \tag{2.2}$$

以掷骰子为例。P(骰子掷出数字"1")= 1/6,原因是共有 6 种等可能的事件发生,其中只有一个时间使得掷出"1"这个事件发生。事件等可能性的要求对于理解这种概率解释是至关重要的,并且已经在文献中进行了许多讨论。一个共同的观点是,如果没有证据支持某些结果的可能性高于其他结果,则满足这个要求。这就是"无差别原则",有时也称为"不充分理由原则"。换句话说,当证据(如果有的话)是对称平衡的,则古典概率是正确的(Hajek,2001),如投掷骰子或纸牌游戏。

然而,古典解释不适用于除随机赌博和抽样之外的大多数的现实生活情况,因为很少有等可能的有限数量的结果。关于无差别原则的讨论从理论的角度来看是有趣的,但是基于这个原理的概率概念与我们所寻找的可以在广泛应用中使用的概率概念并不那么相关。

例 2.1

参考在第二部分开始处引入的例Ⅱ.1,只有在没有证据表明冷却系统故障事件之后的任何情况比其他情况更可能的前提下,古典解释才适用。然而,对于在该示例中考虑的不同危险程度的情况,我们使用不同的概率值(危险程度越高概率值越小),原因是反应器的设计和操作通常是基于多重屏障的,这些屏障是为了避免不期望的始发事件发展成为严重的后果(称为深度防御哲学的多重屏障实现(Zio,2007))。因此,在这种情况下,经典解释不适用。

2.2 频率概率

事件 A 的频率概率,记为 $P_f(A)$,定义为在无数次重复实验下,事件 A 发生次数的占比。因此,如果实验执行 n 次,事件 A 出现 n_A 次,则当 $n\to\infty$(假设存在极限)时,$P_f(A)$ 等于 n_A/n 的极限,即

$$P_f(A)=\lim_{n\to\infty}\frac{n_A}{n} \tag{2.3}$$

以重复实验的样本为例,事件 A 发生在一些重复实验中,而不发生在其余的重复实验中。这种现象归因于"随机性",重复实验事件发生的比率在这个过程中渐进地接近"真实的"概率 $P_f(A)$,$P_f(A)$ 定量地描述关于事件 A 发生的随机不确定性(变化)。在实践中,重复无限次实验是不可能的。概率 $P_f(A)$ 是一种模型概念用来近似真实世界的设置,而真实的总体数量和重复实验的次数总是有限的。概率 $P_f(A)$ 通常是未知的,并且需要通过所考虑的有限样本中事件

A 发生的占比来估计,产生一个估计值 $P_f^*(A)$。

因此,频率概率是在头脑中构造的量——一个建立在大数定律上的模型概念,它表示在某些条件下频率 n_A/n 收敛到一个极限值:也就是说,事件 A 的概率存在并且在所有独立实验中都是相同的。这些条件本身诉诸概率,产生循环的问题。处理这个问题的一种方法是将概率概念分配给单个事件通过将该事件嵌入到具有某些“随机”属性的“类似”事件的无限类中来(Bedford 和 Cooke,2001,第 23 页)。这个框架用于理解概率的概念是有点复杂的,参见 van Lambalgen(1990)。另一种看待概率的更加普遍的方法是简单地假设存在概率 $P_f(A)$,然后参考大数定律给出 $P_f(A)$ 的极限相对频率的解释。从 Kolmogorov 的公理(如第二部分导言的第二段;参见(Bedford 和 Cooke,2001,第 40 页)条件概率的概念,假设存在概率开始,到概率理论的得出,大数定律是构成提供解释概率概念的关键定理。

倾向性解释是另一种证明存在概率的方法(SEP,2009)。这种解释规定,概率是一个物理特征:概率是产生具有极限相对频率 $P_f(A)$ 的结果的可重复实验装置的一种倾向性。例如,硬币的物理特性(重量,重心等)使得当一次又一次地抛掷硬币时,正面向上的分数将为 p(图 2.1)。有关文献表明,这种倾向性的存在是有争议的(Aven,2013a)。然而,从概念的观点来看,这种倾向性的想法可能比无限多次重复实验的想法更难以掌握。如果频率概率的框架可以接受,也就是说,如果提到相似情况的无限序列是有意义的,那么倾向性概念也应该被接受,因为本质上存在这样的框架。

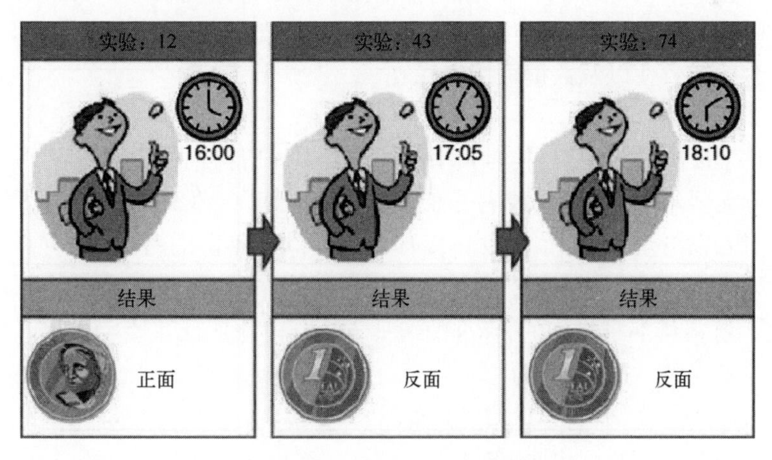

图 2.1　重复抛硬币的实验

因此,对于赌博情况和处理大量相似事物组成的总体的一部分时,频率概率概念作为模型概念是有意义的。当然,如果一个骰子被一次又一次地投掷,其物理特性将最终改变,因此“类似实验”的想法是值得怀疑的。然而,实际上可以在理论上进行大量实验,如 10 万次,在这 10 万次实验中实验装置没有任何物理变化,这是概念有意义所需要的假设。如果考虑属于特定类别的 10 万人组成的总体,例如,在特定国家中年龄为 20~30 岁的人,也是如此。

因此,毫不奇怪,频率概率在实践中如此普遍和使用广泛。引入频率概率的理论概念,通常以概率模型的形式,例如,二项分布、正态(高斯)分布或泊松分布,并且进行统计分析以估计频率概率(更一般地,参数概率模型),并使用成熟的统计理论研究估计量的性质。然而,该框架适用的情况是有限的。正如 Singpurwalla(2006,第 17 页)所指出的,频率概率的概念“只适用于我们设想的可重复实验的那些情况。”这不包括许多情况和事件。例如,考虑在未来 20 年内海平面上升,被告人的有罪或无罪,或具有特定经历的特定人的疾病的发生与否。

所考虑的情况是“类似的”是什么意思?“实验条件”不可能相同,否则将观察到完全相同的结果并且比值 n_A/n 将是 1 或 0。那么实验允许什么样的变化呢?这通常难以指定,并且使得将频率概率扩展到现实情况变得有挑战。例如,考虑一个人 V 感染特定疾病的频率概率为 D。在这种情况下,类似人组成的总体感染特定疾病的频率概率应该是多少?如果我们把同一年龄组的男性和女性划分在一起,得到了一个大量总体,但这个总体中的许多人可能不是与 V 非常“相似”的。我们可以减小总体数量增加相似性,但并不能减小太多,因为这将使总体太小,以至于不足以定义频率概率。这种困境在许多类型的建模中出现,并且必须在不同关注点之间做出平衡:相似性(相关性)与总体大小(频率概率概念的有效性以及数据可用度)。

例 2.2(例 2.1 续)

以化学反应器为实例,相对频率解释需要引入所讨论的反应器在“相似”条件下运行无限年数的总体,或者相似反应器的无限总体在类似操作条件下运行。现引入以下模型概念(参数):冷却系统故障的年份的占比为 $P_f(D)$,并且不同危险程度级别的情形发生的年份的占比为 $P_f(SA)$、$P_f(MA)$、$P_f(CR)$ 和 $P_f(CA)$。这些量都是未知的,标准的统计方法是建立估计并使用置信区间描述相关的不确定性,置信区间为

$$P_f(Y_1 \leqslant \theta \leqslant Y_2) = p \tag{2.4}$$

式中:θ 为参数;Y_1,Y_2 为随机变量。

现实中可能存在可用于提供冷却系统故障事件 D 的概率估计值 $P_f^*(D)$ 的数据。然而,对于罕见的场景,如灾难性场景(CA),整个事件的数据可能无法获得。因此需要引入模型 g,其将灾难性场景 CA(给定冷却系统故障事件 D)的

条件频率概率 $P_f(\mathrm{CA} \mid D)$ 与屏障物故障的频率概率联系起来。可以用事件树实现这个目的。例如,考虑以下两个系统,如图 2.2 所示。

(1) 保护系统:通过在反应器内泵送骤冷液停止反应的骤冷系统。

(2) 缓解系统:在骤冷系统失效的情况下,减少外部损坏的容纳系统。

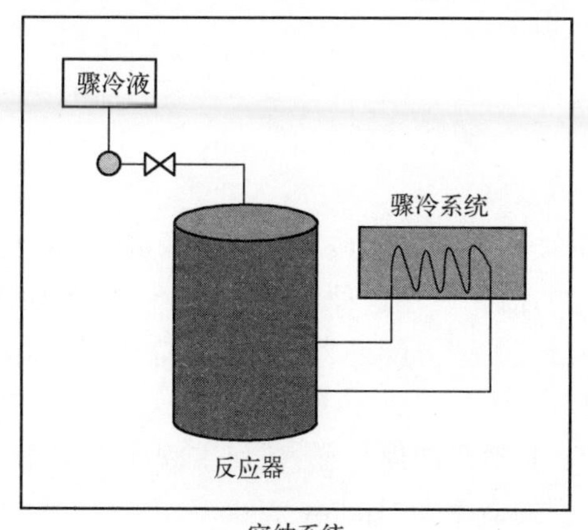

图 2.2　反应器系统与屏障

在冷却系统故障事件 D 时,骤冷系统是避免反应器过热的第一屏障。如果骤冷系统故障,容纳系统启动以减轻外部损坏。如果这两个屏障都失败,将会发生灾难性情况。其逻辑情况在图 2.3 的事件树中进行说明,其中 B_1 表示骤冷系统的故障,B_2 表示容纳系统的故障。

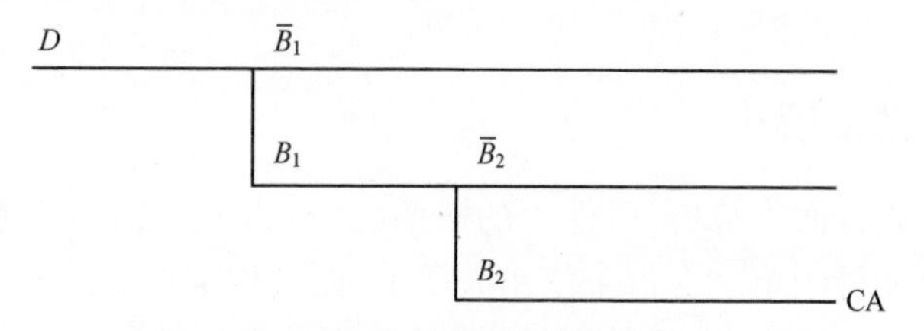

图 2.3　反应系统屏障事件树

令 $\boldsymbol{q}=(q_1,q_2)$ 是屏障失效概率的向量,其中 q_1 表示在给定冷却系统故障的情况下骤冷系统故障的频率概率,以及 $q_2=P_f(B_2 \mid D,B_1)$ 给出冷却系统故障和骤冷系统故障下的容纳系统故障的频率概率。通过图 2.3 中的事件树,利用 $g(q)=(q_1,q_2)$ 构建了一个基于 $P_f(\mathrm{CA} \mid D)$ 的模型 g。同时,可以从测试数据估计屏障失效概率,并且获得灾难性故障的概率的估计值:

$$P_f^*(\mathrm{CA})=P_f^*(D)P_f^*(\mathrm{CA} \mid D)=P_f^*(D)g(q^*)$$

基于用于估计频率概率 $P_f(D)$ 的数据,可以给出该概率的相关联的置信区间。另一方面，计算无条件频率概率 P_f(CA)的置信区间不是那么简单，因为CA的直接数据并不可用。

2.3 主观概率

主观概率理论是由 Bruno de Finetti 在《概率推理的逻辑基础》(de Finetti, 1930)和 Frank Ramsey 在《数学基础》(Ramsey, 1931)中同时独立提出的，参见 Gillies(2000)。

主观概率有时也被称为判断性或基于知识的概率，是人根据背景知识对不确定性做出的纯认知的描述。在这种看法下，事件 A 的概率表示人对于事件 A 发生的置信水平。因此，概率分配是人的知识状态的数字编码，而不是"真实世界"的属性。

重要的是要意识到，不管如何解释，任何主观概率都基于人的背景知识 K。它们是"根据当前知识的概率"(Lindley, 2006)。这可以写为 $P(A|K)$，尽管通常省略 K，其原因是背景知识在整个计算中通常是未修改的。因此，如果背景知识改变，概率也可能改变。贝叶斯定理(见2.4节)是将附加知识纳入主观概率的合适工具。在风险评估的背景下，背景知识通常主要包括数据、模型、专家声明、假设和现象理解。

对主观概率有两种常见的解释，一种是博彩解析，另一种是衡量标准。博彩解析和相关的解释主导了主观概率的文献，特别是在经济和决策分析领域，而测量标准在风险和安全分析中更为常见。

2.3.1 博彩解析

如果从博彩方面来解析，事件 A 的概率(表示为 $P(A)$)等于在事件 A 发生的情况下如果能得到单个支付单位作为回报，那么指定概率的人愿意下注的金额。相反的情形也成立，也就是说，在情况 A 不发生的情况下如果能得到单个支付单位作为回报，评估者必须愿意下注 $1-P(A)$ 的金额。换句话说，一个事件的概率就是指定概率的人对于买入或卖出赌票保持中立情况下的赌票的价格。如果事件发生，那么赌票可以获得一个支付单位，如果事件不发生，那么赌票没有价值(Singpurwalla, 2006)。赌局的两面性对于避免荷兰赌是很重要的，荷兰赌就是一种指定概率的人将承诺接受但会导致他或她确定损失的投注(概率)的组合 (Dubucs, 1993)。避免荷兰赌的唯一方法是通过进行连贯投注来避免，这意味着赌博遵循那些概率遵循的规则。事实上，概率理论规则的得出可以从避免荷兰赌开始(Lindley, 2000)。

考虑事件 A,定义为发生特定类型的核事故。假设一个人指定主观概率 $P(A)=0.005$。然后,根据博彩解析,这个人表示他(她)在以下情形中立。

- 接受(支付)0.005 欧元;
- 并且进行赌博,其中他(她)接收(支付)1 欧元(如果事件 A 发生)或接收(支付)0 欧元(如果事件 A 不发生)。

如果货币单位是 1000 欧元,这个人表示他/她在以下情形中立:

- 接收(支付)5 欧元;
- 并进行赌博,他/她收到(支付)1000 欧元(如果事件 A 发生)和收到(支付)0 欧元(如果事件 A 不发生)。

在实践中,概率分配是一个迭代过程,这个过程中不同的赌博被相互比较,直到达到无差异。然而,正如 Lindley(2006)(Cooke,1986)所指出的,如果发生事故,接收核事故示例中的付款将是微不足道的(评估者可能无法活着收到它)。问题是,概率分配与关于钱的价值判断(赌博的价格)以及情况(事故的后果)之间存在联系。这种价值判断与不确定性本身或事件 A 发生的信任程度无关。

2.3.2　不确定性标准的参考

也可以从不确定性的标准来理解主观概率,例如,从不透明盒子中随机抽取小球。如果一个人赋予事件 A 如 0.1 的概率,然后这个人比较事件 A 发生的不确定性(信任程度),事件 A 即为在装有 10 个小球的不透明盒子取出特定小球。这种不确定性(信任程度)是相同的。更一般地来说,概率 $P(A)$ 是这样的数字,即指派概率的人被认为事件 A 发生的不确定性等同于关于某些标准事件出现的不确定性。例如,从有 $P(A)\times100$ 个红色小球的不透明盒子里随机抽取出一个红色小球 (Lindley,2000,2006; Bernardo 和 Smith,1994)。

至于博彩解析,参考不确定性标准的解释可用于推导概率规则,见 Lindley(2000)。这些规则在关于概率的教材中通常称为公理,但是它们在这里不是公理,因为它们是从与不确定性标准相关联的更基本的假设推导出的,见 Lindley(2000,第 299 页)。概率规则是否被推导或作为公理对于应用概率论可能不那么重要。主要的是这些规则适用,并且不确定性标准提供了一种易于理解的方式定义和解释主观概率的同时不确定性/概率和效用/价值可以分离。这使得概率规则减少到规定比例的规则,沟通更加容易。

例 2.3(例 2.1 续)

可以在不引入频率概率的情况下建立灾难性情景(CA)的直接主观概率分配。通过引入模型 $I(\mathrm{CA})=g(D,B)=I(D,B_1,B_2)$,该问题可以按照频率概率的情况进行分解,如图 2.3 中的事件树模型所示。该模型通过屏障故障事件 $B=(B_1,B_2)$,将冷却系统故障 D 的发生与灾难性情景(CA)的发生联系在一起。这里的 I 是指示符函数,如果论证为真,则等于 1,否则为 0。然后,得到

$$P(\mathrm{CA})=E[I(D,B_1,B_2)]=P(D,B_1,B_2)=P(D)P(B_1\mid D)P(B_2\mid D,B_1)$$

式中:E 为期望值算子。

2.4 贝叶斯主观概率框架

贝叶斯框架具有主观概率作为基本组成部分,术语“概率”被保留并且总被理解为信任程度。在这个框架内,一些作者(Lindley,2006;Singpurwalla,2006;Singpurwalla 和 Wilson,2008)使用“几率”一词表示可交换的无穷伯努利级数中的相对频率的极限。几率分布是经验分布函数的极限(Lindley,2006)。如果对于 Y_1 和 Y_2 可能采用的所有值 y_1 和 y_2 满足

$$P(Y_1\leqslant y_1,Y_2\leqslant y_2)=P(Y_1\leqslant y_2,Y_2\leqslant y_1) \tag{2.5}$$

两个随机量 Y_1 和 Y_2 称为可交换的。也就是说,当切换(置换)指标时,概率保持不变。主观概率和几率概念之间的关系由 de Finetti 的表示定理给出(Bernardo 和 Smith,1994,第 172 页)。粗略地说,这个定理说明,如果可以引入可交换的伯努利级数,则频率概率存在。

在可以引入事件 A 的几率 p 的情况下,有 $P(A)=p$。也就是说,已知事件 A 的几率,事件 A 的概率简单地等于几率的值。当 p 未知时,在相似(可交换)情况下对观测结果不会被视为与感兴趣的情况是无关的,因为观测结果将提供关于 p 值的更多信息。另一方面,当 p 已知时,结果将被判断为独立的,因为没有更多关于 p 信息可以从额外的观测结果中获得。因此,以 p 为条件,结果是独立的,但它们不是无条件独立的它们是可交换的。在实践中,几率 p 的值在大多数情况下是未知的,并且评估者通过概率分布 $H(p')=P(p\leqslant p')$ 表示其对 p 值的不确定性。如在 1.1.3 节的示例中那样,事件 A 的概率为

$$P(A)=\int_0^1 P(A\mid p')\,\mathrm{d}H(p')=\int_0^1 p'\,\mathrm{d}H(p') \tag{2.6}$$

给定背景知识 K(已从式子中删除),该方程中的概率 $P(A)$ 表征关于事件 A 发生的不确定性,其包括允许等价关系 $P(A\mid p)=p$ 的可交换性的判断,以及包含在 $H(p')$ 中的信息。因此,p 的不确定性不会使 $P(A)$ 不确定。

更一般地,如果已知几率分布,则在可交换性的判断下,概率分布等于几率分布,这类似于设置 $P(A\mid p)=p$。如果几率分布是未知的,则在几率分布(参数)上建立“先验”概率分布,在接收到新信息时更新为“后验”分布,并且可以

通过使用全概率公式,如式(2.6)所示。使用贝叶斯法则来进行更新,规定

$$P(A \mid B)=\frac{P(B \mid A)P(A)}{P(B)} \tag{2.7}$$

式中:$P(B)>0$。

例 2.4

2.2 节介绍的频率概率将在贝叶斯设置中作为几率引入。令 u 表示灾难性(CA)情景的几率,v_1 表示冷却系统故障(事件 D)的几率,v_2 表示骤冷系统故障(事件 B_1)的几率,v_3 表示包含系统故障(事件 B_2)的几率。然后,用一个几率模型 g 表示为

$$u=g(v)=v_1v_2v_3$$

式中:$v=(v_1,v_2,v_3)$。

这些几率的值是不确定的,不确定性由主观概率分布 $H(v')=P(v\leqslant v')$ 描述。类似于式(2.6),灾难性情景的概率为

$$P(\mathrm{CA})=E[u]=\int g(v)\mathrm{d}H(v)=\int v_1v_2v_3\mathrm{d}H(v)$$

此外,可以导出 u 的概率分布,描述 CA 的几率值的不确定性程度。从该概率分布可以导出可信区间,例如,90%可信区间$[a,b]$,表示概率 u 的实际值有 90%的概率在区间$[a,b]$中,其中 a 和 b 是定值。

2.5 逻辑概率

逻辑概率首先由 Keynes(1921)提出,后来由 Carnap(1922,1929)提出。这种想法认为概率表示命题之间的客观逻辑关系——是一种“部分蕴涵”的思想。在间隔[0,1]中有一个数字,表示为 $P(H \mid E)$,其测量证据 E 对假设 H 给出的逻辑支持的客观程度(Franklin,2001)。正如 Franklin(2001)所指出的,这种关于概率的观点在科学家、陪审团、精算师等根据证据评估假设时,在表示意见一致程度方面具有直观且原始的吸引力。然而,正如 Aven(2013a)所描述的,部分蕴涵的概念从未得到令人满意的解释,Cowell 等(1999)和 Cooke(2004)得出的结论是,这种概率的解释是不合理的。

第 3 章　处理不确定性的非精确概率

如第 1 章所述，有人认为，在知识缺乏的情况下，基于概率上下界的不确定性表示比精确概率更合适。本章介绍处理不确定性的非精确概率，主要来自于 Aven(2011c)。

Boole(1854)首次提出了非精确概率的理论基础。最近，Peter M. Williams 基于 de Finetti 对概率的博彩解释提出了另一种非精确概率的数学基础(de Finetti，1974)。这个基础分别由 Kuznetsov(1991)和 Walley(1991)独立地进一步发展。

术语"非精确概率"汇集了各种不同的理论(Coolen，Troffaes 和 Augustin，2010)。它用来表示一种概率论的推广，即通过一个概率下界$\underline{P}(A)$和一个概率上界$\overline{P}(A)$表示事件 A 的不确定性，其中 $0 \leqslant \underline{P}(A) \leqslant \overline{P}(A) \leqslant 1$。关于事件 A 的表示的非精确度定义为(Coolen，2004)

$$\Delta P(A)=\overline{P}(A)-\underline{P}(A) \tag{3.1}$$

针对特殊情况$\underline{P}(A)=\overline{P}(A)$($\Delta P(A)=0$)下的所有事件 A 服从传统概率论，而$\underline{P}(A)=0$ 和$\overline{P}(A)=1$($\Delta P(A)=1$)代表完全缺乏知识，两者之间有着一个灵活的连续区域(Coolen、Troffaes 和 Augustin，2010)。

例 3.1

给定冷却系统的故障事件 D，灾难性场景(CA)发生的不确定性可以通过以下情况进行分配，$\underline{P}(\mathrm{CA} \mid D)=0.01$ 和$\overline{P}(\mathrm{CA} \mid D)=0.1$，那么相应的非精确度可表示为 $\Delta P(\mathrm{CA} \mid D)=0.1-0.01=0.09$。

在公理系统和进一步的概念和定理方面，一系列概括性的经典概率论(Coolen，2004)被相继提出。许多研究者认为，概率上下界的最完整框架是由 Walley(1991)非精确概率论和与之密切相关的 Weichselberger(2000)提出的区间概率论提供，其中前者强调通过连续主观投注行为的发展(见下面的段落)，后者被更多地表示为 Kolmogorov 的经典概率公理的概括(Coolen，2004)，其公理和进一步的概念比经典非精确概率要复杂得多，例如，条件概率的概念不具有对非精确概率的唯一泛化(Coolen，2004)。

根据 de Finetti 的博彩解析，Walley(1991)提出将概率下界解释为愿意购买投注的最高价格,如果事件 A 发生则支付1,如果不发生则支付0。同理,概率上界则可作为其愿意出售相同投注的最小价格。

此外,可以参考2.3节中介绍的不确定性标准来解释概率上下界。这样的解释由Lindley(2006,第36页)指出。考虑主观概率 $P(A)$ 的分配,并假设分配人声明他或她的信任程度由一个大于0.1的几率和小于0.5的几率的概率反映,分析师不愿意做出更精确的概率分配,那么区间[0.1,0.5]可被认为是概率 $P(A)$ 的非精确区间。

当然,即使评估者分配单个概率 $P(A)=0.3$,这可被理解为等同于非精确概率区间[0.26,0.34](因为当仅显示一个数字时,该区间等于0.3)。类似的解释如上述区间[0.2,0.5]。在实际情况下,非精确总是一个问题。这种类型的非精确性通常认为是测量问题的结果(参见第二部分开头所列的第三个要点)。Lindley(2006)认为,使用概率上下界将解释的概念与测量程序相混淆(在他的术语中,测量的"概念"附带测量的"实践")。参考标准可以提供一个规范,但是测量问题的发生可能使评估者无法根据规范展开活动。

其他研究人员和分析师对于非精确/区间概率的实际应用更加积极,具体讨论可参见Dubois(2010),Aven和Zio(2011),Walley(1991)以及Ferson和Ginzburg(1996)。非精确区间被用来反映涉及不确定性的现象评估,例如,专家们认为他们的知识和不确定性除了使用概率区间,没有更精确的办法来表示。

非精确概率也可以与相对频率解释相关联(Coolen和Utkin,2007)。在最简单的情况下,"真实"频率概率 $p=P_{\mathrm{f}}(A)$ 确定(以主观概率为1)在指定的区间内。更一般地,根据非精确区间的主观解释,可以形成2层不确定性表征(Kozine和Utkin,2002)。区间 $[\underline{P}(A),\overline{P}(A)]$ 是主观概率为 $P(A)=P(a\leqslant p\leqslant b)$ 的非精确区间,其中 a 和 b 是固定量。假设在 $\underline{P}(A)=\overline{P}(A)=q$ 的特殊情况下,对于特定 p,有一个概率为 $q\times100\%$ 的置信区间(参见2.4节),即在主观概率为 q 的条件下 p 的真值在区间 $[a,b]$ 内。参考例2.4。

第4章 处理不确定性的可能性理论

可能性理论可用于信息不完备条件下的不确定性表征。其不同于概率论(使用单一的概率测度),可能性理论通过一对对偶函数度量可能性和必然性。Dubois 和 Prade(2007)给出了可能性理论的背景和概述,具体如下所述:

可能性理论最初是由 Zadeh(1978)命名,其受到 Gaines 和 Kohout(1975)的启发。在 Zadeh 看来,可能性分布为自然语言语句提供分级语义。然而,作为与概率相提并论的部分信度,可能性和必然性测度也可以作为其完全成熟表征的基础(Dubois 和 Prade,1988)。另外,它也可以被看作是一个粗略的、非数值版本的概率论,或作为极端概率推理的框架,或作为非精确概率推理的简易方法(Dubois、Nguyen 和 Prade,2000)。

下面主要介绍可能性理论的一些基础知识,大部分是基于 Aven(2011c)的表述,并介绍一些关于如何构建可能性分布的方法。

4.1 可能性理论的基础知识

可能性理论的核心部分是可能性函数 π。对于集合 S 中的每一个元素 y,都有一个可能性程度 $\pi(y)$ 与之对应。当存在一些 y 使得 $\pi(y)=0$ 成立时,那么意味着这些 y 被认为代表着不可能的情况。而当存在一些 y 使得 $\pi(y)=1$ 成立时,意味着这些 y 被认为代表着可能的情况;这些都是不足为奇的正常的情况(Dubois,2006),这是一个比概率等于1相对较弱的声明。因为集合 S 的其中一个元素为真值,因此假设 $\pi(y)=1$ 至少对于一个 y 来说成立。

为了解释可能性函数 π,考虑用因其产生的必然性/可能性这一对测度[N, Π]。事件 A 的可能性为 $\Pi(A)$,其定义为

$$\Pi(A)=\sup_{y\in A}\pi(y) \tag{4.1}$$

事件 A 的必然性为 $N(A)$,其定义为

$$N(A)=1-\Pi(\bar{A})=\inf_{y\notin A}(1-\pi(y)) \tag{4.2}$$

式中:$\bar{A}$为 A 的补集。

可能性测度满足以下性质：

$$\Pi(\varnothing)=0 \tag{4.3}$$

$$\Pi(S)=1 \tag{4.4}$$

$$\Pi(A\cup B)=\max\{\Pi(A),\Pi(B)\} \tag{4.5}$$

对于互不相交的集合 A 和 B，$\varnothing$表示空集。根据这些性质和式(4.2)，可以推导出必然性测度的一些性质，例如

$$N(A\cap B)=\min\{N(A),N(B)\} \tag{4.6}$$

令 $P(\pi)$为所有事件 A 的可能性分布族，有

$$N(A)\leqslant P(A)\leqslant \Pi(A) \tag{4.7}$$

则

$$N(A)=\inf_{P(\pi)}P(A)\quad 且\quad \Pi(A)=\sup_{P(\pi)}P(A) \tag{4.8}$$

因此，一个事件的可能性和必然性测度可以分别被解释为相同事件概率的上确界和下确界。基于标准不确定性理论考虑的主观概率边界反映了分析师不愿意仅仅提供一个单值概率。下面以一个可能性理论中具有代表性的例子予以说明(Anoop 和 Rao，2008；Baraldi 和 Zio，2008)。考虑一个不确定性参数 Θ。根据参数的定义，假设其取值范围为[1,3]。在该区间内其最有可能的取值为2。为了反映这些信息，构建一个[1,3]上的三角形可能性分布，其中峰值位于 $\theta=2$，如图4.1所示。

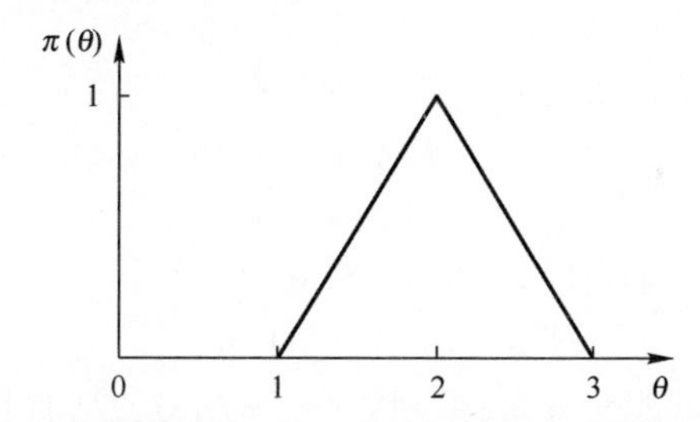

图4.1　参数 x 的取值区间为[1,3]，最大值为 $\theta=2$ 的三角形可能性分布

根据式(4.6)，可以推导出图4.1中所示的可能性分布的累积必然性和可能性测度 $N(-\infty,\theta]$与 $\Pi(-\infty,\theta]$，如图4.2所示。这些测度值可以分别作为不确定性参数 Θ 的累积概率分布的下界和上界。

三角形可能性分布产生图4.2中的界限。其他的可能性函数也可以基于这些信息制定。具体参见 Baudrit 和 Dubois(2006)。然而，正如3.2.2节描述的那样，概率分布族是通过一个由[a,b]和核心 c 确定的三角形可能性分布推导出来。该分布族包含由区间[a,b]和核心 c 产生的所有概率分布情况。例如，从图4.2中的界限定义的边界开始，可以给出第3章中讨论的区间概率相应的解释。又如，分析师们不能或不愿意精确分配他/她的概率时，他/她们更

愿意用区间的形式来表述。

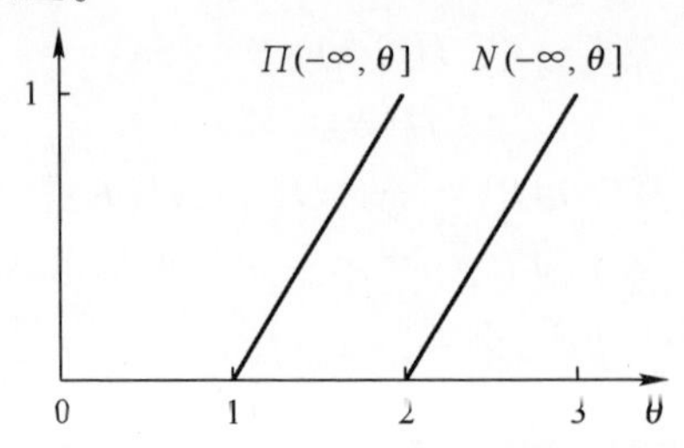

图 4.2　基于图 4.1 中的可能性函数给出的概率测度边界

可能性理论适用于当可用知识涉及嵌套子集情况时的不确定性表示(Klir, 1998)。两个集合是嵌套的如果其中一个集合是另一个集合的子集。集合序列是嵌套的如果每个集合包含于后续集合中。

例 4.1

对应某类情景的温度集合,"SA"([100,150)℃)与对应不同类情景合并后的温度集合"SA 或 MA"([100,200)℃),"SA 或 MA 或 CR"([100,300)℃),和"SA 或 MA 或 CR 或 CA"([100,500)℃)是嵌套的,因为每个集合都包含于后续集合中。

一个单峰的可能性分布,如图 4.1 中所示的可能性分布,可以看作是一系列 $\pi(y)$ 区间,通常被称为 α-截集,组成的嵌套集合:

$$A_\alpha=[\underline{y}_\alpha,\overline{y}_\alpha]=\{y:\pi(y)\geqslant\alpha\}$$

根据式(4.1)和式(4.2),α-截集 A_α 的可能性测度和必然性测度分别为

$$\Pi(A_\alpha)=1 \tag{4.9}$$

$$N(A_\alpha)=1-\alpha \tag{4.10}$$

因此,不确定量 Y 的取值属于 A_α 的概率满足

$$P(Y\in A_\alpha)\geqslant 1-\alpha \tag{4.11}$$

基于图 4.1 中的可能性分布,得到如 $A_{0.5}=[1.5,2.5]$(图 4.3),可以推断出 $0.5\leqslant P(1.5\leqslant Y\leqslant 2.5)\leqslant 1$。

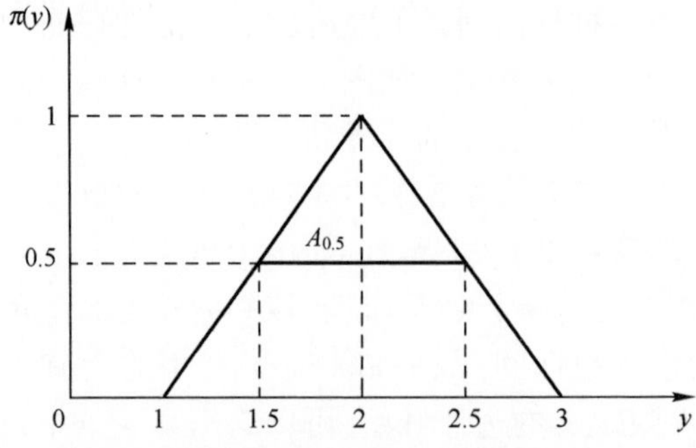

图 4.3　基于图 4.1 中的三角形可能性分布的 α-截集 $A_{0.5}=[1.5,2.5]$的对应区间

4.2 构建可能性分布的方法

在本节中,简要介绍了一些用于构造未知量的可能性分布的技术,部分基于 Baraldi 等(2011)的文献。4.2.1 节介绍了如何通过单侧概率区间建立可能性分布;4.2.2 节解释了在未知量的可能性取值已知且给出一个"优先参考值"条件下使用三角形可能性分布的原因;4.2.3 节介绍了在一个未知量的均值和标准差的参考值已知条件下,如何通过切比雪夫不等式建立相应的可能性分布。

4.2.1 从嵌套概率区间建立可能性分布

考虑一个未知量 Y,假设式(4.11)中的每个区间 $A_{\alpha_i}(i=1,2,\cdots,n)$ 的概率都存在。此外,上述区间满足降序排列($\alpha_1>\alpha_2>\cdots>\alpha_n$),且每个区间满足嵌套关系($A_{\alpha_1}\subset A_{\alpha_2}\subset\cdots\subset A_{\alpha_n}$)。根据式(4.1)和式(4.2),区间 A_{α_i} 具有必然性程度 $N(A_{\alpha_i})=1-\alpha_i$ 和可能性程度 $\Pi(A_{\alpha_i})=1$。与所分配的概率区间一致的最小限制性可能性分布为

$$\pi(y)=\begin{cases}1 & (Y\in A_{\alpha_1})\\ \min_{i:y\notin A_{\alpha_i}}\alpha_i & (\text{其他})\end{cases} \tag{4.12}$$

式(4.12)可以从式(4.2)导出,并且对于包含在最大区间 A_{α_n} 中的值 y,应当识别出不包含 y 的区间 A_{α_i},选择对应的 α_i 最小的区间(即最大区间),并将 α_i 的值赋予 $\pi(y)$。图 4.4 展示了式(4.12)在区间如下的示例中的应用。其区间如下:

$$A_{\alpha_1}=A_{0.75}=[1.75,2.25],A_{\alpha_2}=A_{0.5}=[1.5,2.5],$$
$$A_{\alpha_3}=A_{0.25}=[1.25,1.75],A_{\alpha_4}=A_0=[1,3]$$

在下面的示例中,可能性理论应用于比 4.3 节所考虑的可用信息更加精炼的情形。

例 4.2(例 4.1 续)

考虑未知量 $T_{\max}$ 代表由于反应堆冷却系统故障使得反应器内达到的最高温度值。假设该冷却系统故障情况发生之后的可用信息是灾难性场景(CA)的概率大于 0.2,并且 CA 或临界 CR 情况的概率大于 0.5。那么,由此可知 $P(\text{CA})>0.2$ 且 $P(\text{CA 或 CR})=P(\text{CA})+P(\text{CR})>0.5$。也可以基于可能性进行以下描述:定义 $A_1=$"CA",$A_2=$"CA 或 CR",$A_3=$"CA 或 CR 或 MA 或 SA"。根据可用信息可得到如下概率分配:$N(A_1)=0.2$,$N(A_2)=0.5$,且 $N(A_3)=1$(后一等式成

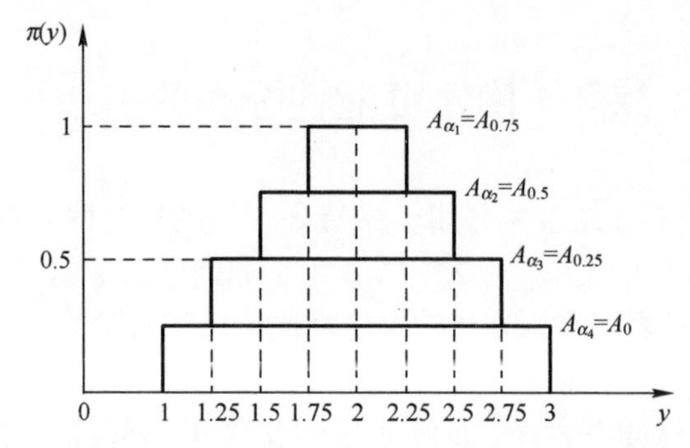

图 4.4　根据区间 $A_{\alpha_1}=A_{0.75}=[1.75,2.25]$,$A_{\alpha_2}=A_{0.5}=[1.5,2.5]$,$A_{\alpha_3}=A_{0.25}=[1.25,1.75]$,$A_{\alpha_4}=A_0=[1,3]$所获得的可能性分布

立是因为该故障事件意味着 4 个定义情况之一的发生),另外 $\Pi(A_1)=\Pi(A_2)=\Pi(A_3)=1$,因为没有提供概率的上界。考虑事件 A_1,A_2,和 A_3 的概率分别大于或等于 $1-\alpha_1=0.2$,且 $1-\alpha_3=1$,可以通过式(4.12)得到 $T_{\max}$ 的可能性分布(图 4.5),以及相应的有限累积分布(图 4.6)。

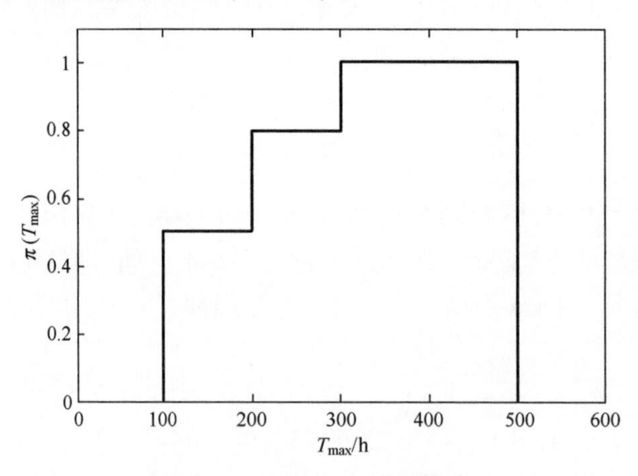

图 4.5　未知量 $T_{\max}$ 的可能性分布

4.2.2　使用三角形可能性分布的理由

假设未知量 Y 的可能性取值区间$[a,b]$已知,且指定了“最可能”或“优选”值 c。该信息似乎自然地导致由区间$[a,b]$和核值 c 三角形可能性的表示(这里术语“核值”是指一个值或一组值,使得相关联的可能性分布的值为 1)。然而,利用三角形可能性分布函数去代替其他相同参数的可能性分布需要充分的理由。Baudrit 和 Dubois(2006)已经在其文献中表明,由区间$[a,b]$和核值 c 确定

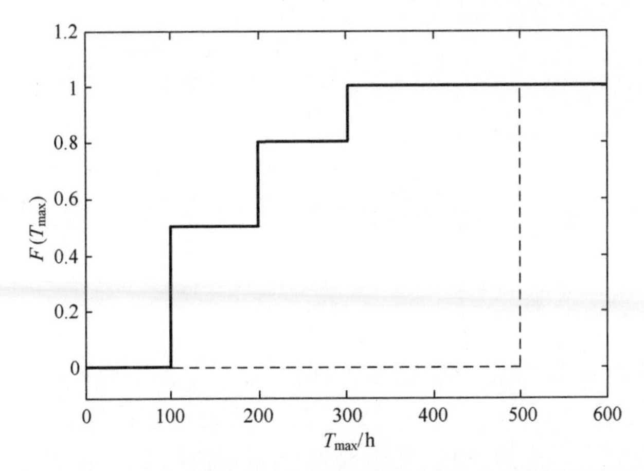

图 4.6　图 4.4 可能性分布的有限累积分布(实线和虚线分别表示概率上界和概率下界累积分布)

的三角形可能性分布 π 的可能性分布族 $\boldsymbol{P}(\pi)$ 包含(支配)由区间[a,b]和核值 c 确定的所有可能性分布。因此,如果专家不愿意指定单个概率分布,但是仍愿意指定最可能的值,则三角形可能性分布能够确保涵盖与给出的信息一致的所有可能的概率分布。

4.2.3　使用切比雪夫不等式建立可能性分布

在概率论中,切比雪夫不等式可以对不确定量 Y 与其(已知)期望值 μ 的偏差提供概率界限,同时要求标准差 σ 也是已知的。切比雪夫不等式可以写为

$$P(|Y-\mu| \geqslant k\sigma) \leqslant 1/k^2 \tag{4.13}$$

其中,$k>0$。

式(4.13)通常用于证明收敛性质,但也可以用于表示不确定性。例如,切比雪夫不等式可用于构造可能性分布(Baudrit 和 Dubois,2006)。事实上,使用连续可能性分布来表示概率家族很大程度上依赖于概率不等式。这种不等式提供了围绕一个典型值形成连续嵌套族区间的概率界限。这种嵌套性导致对相应的概率族可以解释为由可能性测度产生。切比雪夫不等式定义了一种可能性分布,其可以支配任意给定均值和方差的概率密度,这使得可以通过考虑区间[$\mu-k\sigma,\mu+k\sigma$]作为 π 的 α-截集,并令

$$\pi(\mu-k\sigma)=\pi(\mu+k\sigma)=1/k^2 \tag{4.14}$$

所得的可能性分布定义了相应的概率族,其包含了具有平均值 μ 和标准差 σ 的概率分布,而不管概率分布是否为对称分布,或者是否为单峰分布(Baudrit 和 Dubois,2006)。

第5章 处理不确定性的证据理论

证据理论也称为Dempster-Shafer理论或信度函数理论，由Shafer于1976年建立，用于不确定、不精确和不完整信息下的表示和推理(Smets,1994)。它是贝叶斯主观概率理论的泛化，其意义在于它不需要每个感兴趣事件的概率，而是将事件真相的信度取决于其他与之相关联的论点或事件的概率(Shafer,1976)。证据理论为传统的基于概率论的方法提供了替代方案，传统方法通过对所考虑的每个事件的两种似然度、信度和似然度的设定来表示不确定性。证据理论在这里参照例5.1进行介绍，假设我们所考虑的可用知识与第3章和第4章中所考虑的有不同的格式。本章的内容部分取自或基于Flage等(2009)。

例5.1

针对一个危险或灾难类场景的发生，假设提供了与第3章中所考虑的相同的专家描述：即CA($T_{max} \in [300,500)$)的发生概率大于0.2，CA或CR($T_{max} \in [200,500)$)发生的概率大于0.5。然而，与第4章相反，还假设安全等级场景($T_{max} \in [100,300)$)发生的概率为0.1~0.5。注意，我们对场景分为3类："危险""危险或灾难""安全"，并且不是嵌套关系(因为"安全"既不是包含在也不包含其他两类)。因此，现有知识不能被可能性理论正确处理。此外，如在上述情况下，我们不愿为不同事件的概率分配单个值，因此，不能使用概率方法。在图5.1的示例中，与第3章和第4章中的示例相比，缺少嵌套性。

为了说明从相关问题的主观概率获得一个问题的信念程度的想法，可参考例5.2。

根据这个示例，一个证据影响的适当概述应包括事件A"系统已经故障"(0.9)的证据支持和反对(0)的证据支持。前者体现了一种信度测度Bel(A)，表明测量事件A将发生的相信程度，后者由似然度测度Pl(A)反映，表明测量证据不支持事件$\overline{A}$的程度。似然度与信度间的关系为

$$\mathrm{Pl}(A)=1-\mathrm{Bel}(\overline{A}) \tag{5.1}$$

在例5.2中，事件A指的是"系统故障"，Bel(A)=0.9和Pl(A)=1。注意，在证据理论中，正如在可能性理论中，对于一个事件的似然存在两种测度，即信

度和似然度。此外,信度和似然度测度对应于可能性理论中的必然性和可能性测度。

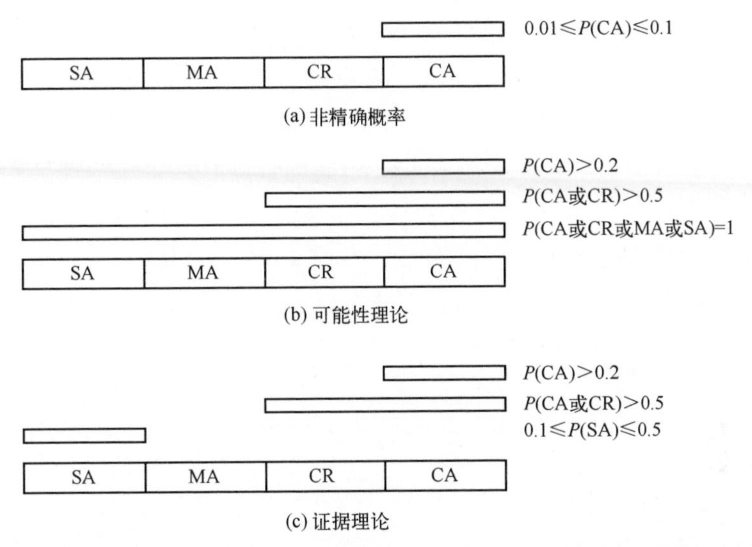

图 5.1　第 3 章(非精确概率)、第 4 章(可能性理论)和本章(证据理论)中概率分配的说明

例 5.2

假设一个可用的诊断模型,在给定系统故障时正确指示的可靠性(这里被理解为提供正确结果的频率概率)为 0.9。当模型指示系统已经故障时,这一事实证明这种事件有着 0.9 的信度(其与模型正确概率为 0.9 的相关事件不同),但是对系统没有故障的事件只有 0 的信度(不是 0.1)。后者并不意味着系统没有故障是确定的,因为如果是确定的则该应用零概率表示。它仅仅意味着模型的指示没有提供任何证据来支持系统没有故障的事实。{0.9,0}这对值构成了关于事件“系统已经故障”和“系统没有故障”的置信函数。注意,不承诺“系统已经故障”事件的信度(1-0.9=0.1)并不需要与承诺其相反事件的信度相符。因此,信度的总量分配可以结合决策者的知识程度而变化。

为了正式介绍 Dempster—Shafer 证据理论,让 Y 为一个不确定量,其可能拥有 k 个结果 $y_1,\cdots,y_k$。该集合 $S=\{y_1,\cdots,y_k\}$ 称为样本空间。证据理论对 S 的幂集合 2^S 中的所有事件 A,即对事件组合的所有集合进行基本信度分配(BBAS),表示为 $m(A)$。因此,如果 $k=2$,该幂集合就等于 $\{\varnothing,y_1,y_2,S\}$,其中 $\varnothing$ 为空集,也正如例 5.3 中所解释的。

S 的幂集合 2^S 的元素称为焦点集。基本信度分配给出的值在 $[0,1]$ 中,$m(0)=0$,并且覆盖所有焦点集的 $m(A)$ 的和为 1,即

$$\sum_{A \in 2^S} m(A) = 1 \tag{5.2}$$

例 5.3(例 5.2 续)

样本空间由两个不相交事件“正常”和“故障”组成,而其幂集合由以下子集组成:空集(既不是“正常”也不是“故障”),“正常”“故障”和“未知”(“正常”或“故障”)。空集代表一种矛盾并且不可能为真,因为系统必定处于某种特定的状态;“未知”子集表示系统可处于任一状态的情况,在某种意义上可用的证据并不允许一种或另一种情况的排除。基于可用的知识,表 5.1 第二列中的基本信度分配被分配给幂集合的元素。

表 5.1 系统正常或故障状态的质量,信度和似然度,
基于故障指示可靠性为 0.9 的诊断模型

集合 A	基本信度分配 $m(A)$	信度 Bel(A)	似然度 Pl(A)
空集(既非正常也故障)	0	0	0
正常	0	0	0.1
故障	0.9	0.9	1
未知(正常或故障)	0.1	1	1

从例 5.2 注意到,不需要 $m(S)=1$,或当 $A \subseteq B$ 有 $m(A) \leqslant m(B)$,或者 $m(A)$ 和 $m(\bar{A})$ 之间存在任何关系。这里可以看出与概率论的区别,概率论中将概率分配给单个元素/事件 y_1 和 y_2,而在证据理论中我们关注组合“y_1 或 y_2”。在概率论中,基于对单个元素/事件分配的概率来计算组合“y_1 或 y_2”的概率。

如上所述,$m(A)$ 的值仅仅属于集合 A 并且不隐含关于 A 的子集的任何附加说明;如果有额外的证据支持元素 y 属于 A 的一个子集(如 $B \subseteq A$)的声明,它必须由关于 B 的另一个基本信度分配来表达,即 $m(B)$。

根据基本信度分配,可获得信度和似然度测度分别为

$$\mathrm{Bel}(A) = \sum_{E \subseteq A} m(E) \tag{5.3}$$

$$\mathrm{Pl}(A) = \sum_{E \cap A \neq \varnothing} m(E) \tag{5.4}$$

事件 A 的信度被量化为被其包含的所有集合的所分配质量的总和,因此它可以被理解为一个下界即支持该事件的全部信度。相反,事件 A 的似然度是与事件 A 的交集不为空集的所有集合的基本信度分配的总和,因此它是事件 A 发生概率的上界。

信度和似然度测度通常解释为概率界限,符合第 3 章中所描述的非精确概率。根据这种观点,分配者指出他(她)的信度测度是由大于一个信度为 Bel(A) 并且小于一个似然度为 Pl(A) 的概率所反映。分析者并不愿做出更精

确的分配。

例5.4(例5.2续)

对于幂集合中 $2^2=4$ 个可能的集合,表5.2记录了它们信度和似然度的值。注意,“正常”和“故障”情形的信度都与其相应的质量分配相匹配,因为这些事件没有子集。此外,根据定义,“未知”事件总是拥有1的信度和似然度。基于可获得的证据,[Bel,Pl]代表了事件发生的不确定性。

例5.5(例3.1续)

样本空间由4种不同危险等级的故障场景组成:S={SA,MA,CR,CA},其幂集合是由16个子集组成:

$$2^S=\{\varnothing,SA,MA,CR,CA,SA+MA,SA+CR,SA+CA,MA+CR,MA+CA,CR+CA,SA+MA+CR,SA+MA+CA,SA+CR+CA,MA+CR+CA,S\}$$

该情形下可用的信息由如下组成,即

$$Bel(CA)=0.2,Bel(CR+CA)=0.3,Bel(SA)=0.1,$$
$$Pl(SA)=1-Bel(MA+CR+CA)=0.5$$

通过式(5.5)可得到表5.2中所记录的基本信度分配。例如,当考虑集合{CR+CA}的基本信度分配计算时,不得不考虑两个对总和有贡献的部分:集合{CR+CA}和集合{CA}的信度测度。{CR+CA}-{CR-CA}的基数等于0,{CR+CA}-{CA}的基数等于1,因此可得

$$m(CR+CA)=Bel(CR+CA)-Bel(CA)=0.5-0.2=0.3$$

“未知”事件{SA+MA+CR+CA}的基本信度分配根据幂集合的所有集合的基本信度分配之和(应为1)所得到。

表5.2　例5.4中分配到焦点集的基本信度分配值

集合 A	基本信度分配 $m(A)$
CA	0.2
CR+CA	0.3
SA	0.1
SA+MA+CR+CA	0.4

此外,根据信度和似然度分布的知识,有可能通过下式得到基本概率分配 $m(A)$:

$$m(A)=\sum_{B\subseteq A}(-1)^{\mathrm{card}(A-B)}\mathrm{Bel}(B) \tag{5.5}$$

式中:card(A)表示集合 A 中元素的个数。

因此,如果 $A-B$ 包含两个元素,Bel(B)被加上;若 $A-B$ 包含一个元素,则被

减去。

源于表 5.2 中的基本信度分配,通过式(5.3)和式(5.4)计算所得的幂集合 $S=\{SA,MA,CR,CA\}$ 的 16 个子集的信度和似然度测度被记录在表 5.3 中。注意,由于 SA 的基本信度分配,事件"CA"和"CR 或 CA"的似然度小于 1。

表 5.3 例 5.5 中幂集合的 16 个子集的信度和似然度测度

集合 A	信度 Bel(A)	似然度 Pl(A)
ϕ	0	0
SA	0.1	0.5
MA	0	0.4
CR	0	0.7
CA	0	0.9
SA+MA	0.1	0.5
SA+CR	0.1	0.8
SA+CA	0.3	1
MA+CR	0	0.7
MA+CA	0.2	0.9
CR+CA	0.5	0.9
SA+MA+CR	0.1	0.8
SA+MA+CA	0.3	1
SA+CR+CA	0.6	1
MA+CR+CA	0.5	0.9
SA+MA+CR+CA	1	1

第 6 章　不确定性传播方法

不确定性一旦基于前面章节所描述的方法进行表征后,其在风险评估中必然会随着模型进行传播。

本章利用一个通用模型 $g(X)$ 阐述不确定性传播的思想。在模型中,模型输入为由 N 个不确定性参数组成的向量 $\boldsymbol{X}=(X_1,X_2,\cdots,X_N)$,模型输出为关注量 Z。则模型可以表示为

$$Z=g(\boldsymbol{X}) \tag{6.1}$$

变量 Z 的不确定性分析需要建立在针对 $\boldsymbol{X}$ 的不确定性评估的基础上。输入参数不确定性通过模型 g 进行传播,从而造成输出参数 Z 的不确定性(表 1.6)。本书不考虑模型结构 g 的不确定性,即 $Z-g(X)$ 的模型误差。

考虑到存在不同的方法表示输入量的不确定性(第 2~5 章),会存在不同的不确定性传播方法。根据影响模型输入量的不确定性类型,不确定性传播方法可以分为 1 层和 2 层(Limbourg 和 de Rocquigny,2010;Pedroni 和 Zio,2012)。考虑到随机不确定性和认知不确定性的区别,1 层和 2 层不确定性传播设定将在频率概率的框架中开展。虽然在贝叶斯主观概率框架中,所有不确定性都是主观的,但是这些定义很容易扩展到考虑几率的概念,从而引入随机不确定性。

对于 1 层不确定性传播设定,输入变量分为随机不确定性参数集 $X_1,X_2,\cdots,X_n$ 和认知不确定性参数集 $X_{n+1},\cdots,X_N(1\leqslant n\leqslant N)$。在 1 层不确定性传播设定中假设随机不确定量 $X_1,\cdots,X_n$ 不受任何主观不确定性的影响,即能够准确确定其概率分布(包括概率分布的参数值)。认知不确定量 $X_n,\cdots,X_N$ 不受任何内在随机变化的影响,仅仅是由于知识的缺乏导致的不确定性,即如果它们是完全已知的,则可由点值表示。

例 6.1

图 6.1 为由两个独立元件组成的串联系统。元件 1(2) 的失效时间为 $T_1(T_2)$,其随机不确定性可以用概率分布表示为

$$F_1(t_1)=P_{\mathrm{f}}(T_1\leqslant t_1)\,(F_2(t_2)=P_{\mathrm{f}}(T_2\leqslant t_2))$$

关注量为系统故障时间 T,可以表示为第 1 个元件和第 2 个元件失效时间的函数:

$$T=\min(T_1,T_2) \tag{6.2}$$

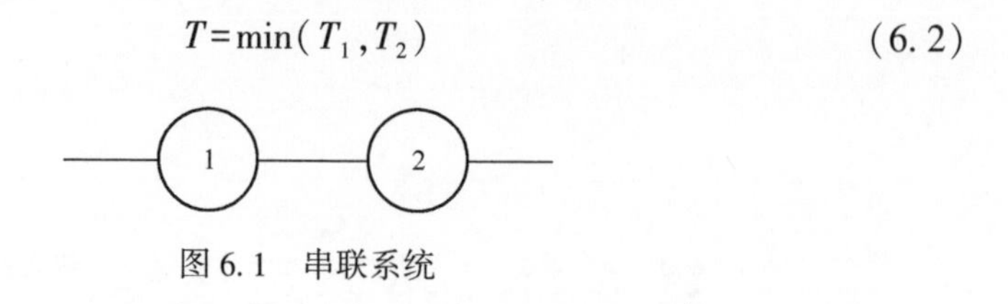

图 6.1 串联系统

使用本章开始介绍的符号表示,则 $Z=T$,$\boldsymbol{X}=(X_1,X_2)$,且 g 为取小函数。在该示例中,所有的变量都受到随机不确定性的影响,即根据本章开始的设定 $n=N$。作为不确定性输入量的函数,T 也为不确定量。不确定性传播导致了概率分布 $F(t)=P_f(T\leqslant t)$ 的产生。由于所有的输入量受到随机不确定性的影响,因此这是一个典型的 1 层不确定性传播问题。

例 6.2

采用随机疲劳裂纹增长模型对随时间退化的结构 S 开展分析。在 t 时刻的结构退化水平用未知量 $D(t)$ 表示(图 6.2)。结构应在一定任务时间内满足其功能要求,任务时间表示为 t_{miss}。在退化水平 $D(t)$ 退化到失效阈值 D_{max} 时,结构发生失效,其中 D_{max} 的值未知。令 $Y(t)$ 为 t 时刻结构的状态,可以表示为 $Y(t)=I(D(t)\leqslant D_{max})$。结构在任务时间的状态为本示例的关注量,即 $Y(t_{miss})$。结构在任务时间的状态为两个不确定输入量的函数:在任务时间的裂纹深度 $D(t_{miss})$ 和退化阈值 D_{max}。在本示例中,$D(t_{miss})$ 受到随机不确定性的影响,主要取决于随机退化过程,而 D_{max} 受到认知不确定性的影响。由于这些不确定量未被分成两个层级,因此,在任务时间结构的不确定性传播属于 1 层不确定性传播问题。

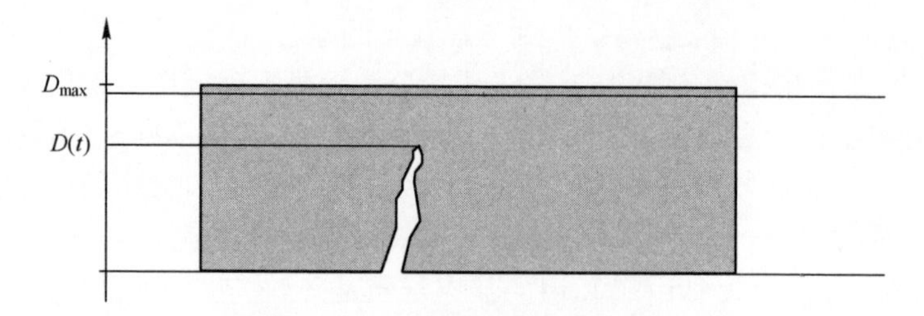

图 6.2 退化结构的裂纹增长案例

($D(t)$ 表示在 t 时刻裂纹扩展深度;D_{max} 为失效阈值,如果裂纹深度增长到 D_{max},则结构发生失效)

如果输入量 X 受到能被频率概率表示的随机不确定性的影响,而概率模型的参数 Θ 又受到主观不确定性的影响,则此时考虑 2 层不确定性传播设定。在存在“完美”信息的情况下,所有的主观不确定会被去除,则问题变为 1 层不确定性传播问题。因此,在 2 层不确定性传播设定中,假设 N 个变量 $X_1,\cdots,X_N$ 的不确定性能够表示为频率概率分布 $F_i(x_i \mid \boldsymbol{\Theta}_i) = P_f(X_i \leqslant x_i \mid \boldsymbol{\Theta}_i)\ (i=1,2,\cdots,N)$，其中，$\boldsymbol{\Theta}_i$ 为对应概率分布的(未知)参数向量。

6.1　1 层不确定性传播设定

根据表示模型输入量 $\boldsymbol{X}$ 不确定性的方法，不确定性传播的不同方法被包含在 1 层设定中。在本节，我们考虑以下 3 种情况。

(1) 纯概率框架(参见第 2 章)，即所有模型输入量的不确定性由概率分布表示。

(2) 纯可能性框架(参见第 4 章)，即所有模型输入量的不确定性由可能性分布表示。

(3) 混合概率—可能性框架，即一些模型输入量的不确定性由概率分布表示且其他模型输入量的不确定性由可能性分布表示。

例 6.3(例 6.2 续)

考虑包括两个独立基本事件 B_1 和 B_2 的一个简单故障树。它们通过互斥门连接顶事件 A(图 6.3)。

顶事件发生的概率(或几率)为关注量。我们要建立事件 A 的主观概率，可以表示为 $P(A)=E[p]$。顶事件发生对应的随机不确定性由概率(或几率)p 描述。p 为概率 q_1 和 q_2 的函数，其中 q_1 和 q_2 分别为基本事件 B_1 和 B_2 发生的概率：

$$p(q)=q_1+q_2-q_1q_2 \tag{6.3}$$

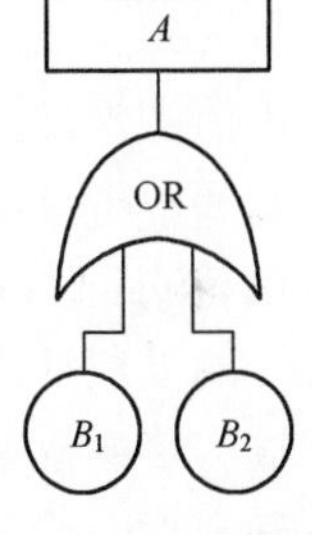

图 6.3　简单的故障树

假设变量 $q_i(i=1,2)$ 的真实值未知，其认知不确定性可以用主观概率分布描述为 $H(q')=p(q_1 \leqslant q_1', q_2 \leqslant q_2')$。因此，顶事件随机发生的不确定性用 2 层不确定性传播设定来评估，可以用概率 p 表示。如果主观不确定性分布 $H(q')$ 确定，则 $P(A)$ 可以由下式计算。

$$P(A)=E[p]=\int p(q')\,\mathrm{d}H(q') \tag{6.4}$$

6.1.1　1 层纯概率框架

本节通过考虑一个特殊示例分析 1 层设定中的不确定性传播问题。在示例中，所有模型输入量都受到随机不确定性的影响，并且应用频率概率解释。本示例的目标是确定模型输出 $Z=g(X)$ 的概率分布，其主要取决于模型输入量的联合概率分布 $P_f(X_1 \leqslant x_1, X_2 \leqslant x_2, \cdots, X_N \leqslant x_N)$。

例 6.4

我们考虑针对工业厂房元件的维护策略的性能评估问题。假设元件的寿命模型已知,模型包括两类随机输入变量:失效时间 T 和维修时间 R(图 6.4)。

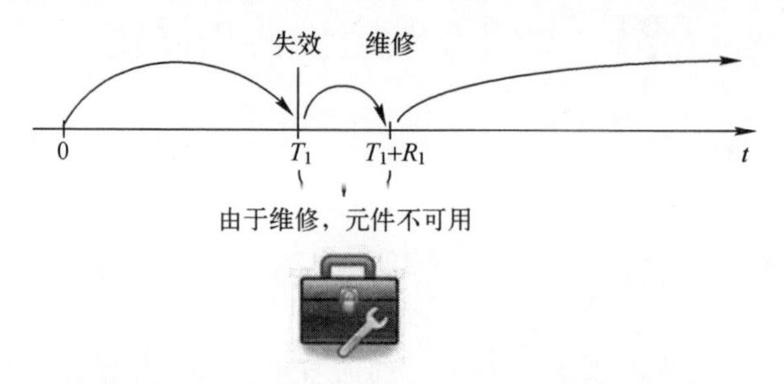

图 6.4　一个组件的故障和修复过程的示意图

任务时间 t_{miss} 内组件的停机时间 D 为关注量,即组件不可用的时间。停机时间 D 为失效时间 $T=(T_1,T_2,\cdots)$ 和维修时间 $R=(R_1,R_2,\cdots)$ 的函数,其中 T_k 为第 $k-1$ 次失效和第 k 次失效的时间间隔,R_k 为第 k 次维修的时间。

$$D=g(T,R) \tag{6.5}$$

T_k 和 R_k 的频率概率分布为指数分布,其不确定参数分别为 λ 和 μ。由于分布参数受到认知不确定性的影响,2 层不确定性传播设定的目的是将不确定性分层传播到模型输出参数 D。

精确的解析方法在处理不确定性传播时往往不太适用,除了正态分布的线性组合(Springler,1979) 的一些简单示例。但是,大量基于针对函数 g 的泰勒级数展开的近似解析方法可以用来处理这些问题(Cheney,1966)。它们通常通过利用输入量的概率分布的矩,如平均值、方差和高阶矩计算输出量的矩,从而进行不确定性的传播。另外,当需要输出量的整体概率分布,或者模型 g 为高度非线性时,基于蒙特卡罗仿真的抽样方法通常为优选的方法(Morgan 和 Henrion,1990;Zio,2013)。当输入量相互独立,且其不确定性能够用概率密度函数 $f_i(x_i)(i=1,2,\cdots,N)$ 表示时,蒙特卡罗仿真能够从其分布中随机抽取每个输入量的值。所获得的随机值所组成的集合作为模型的输入,进而计算对应的模型输出值。整个过程重复计算 M 次,M 应选取较大的数,从而得到 M 个输出值,构成输出量 Z 的概率分布。1 层不确定性传播设定的蒙特卡罗法的主要步骤如下:

(1) 设置 $j=0$;

(2) 从输入变量 $X_1,\cdots,X_n$ 的概率分布 $f_1(x_1),\cdots,f_N(x_N)$ 中抽取第 j 个随机抽样 $x_1^j,\cdots,x_N^j$;

(3) 计算对应的输出值 $z^j=g(x_1^j,\cdots,x_N^j)$;

(4) 如果$j<M$,则$j=j+1$,且返回步骤(1),否则利用$z^1,\cdots,z^M$构建经验累积分布$F(z)$。

为了满足$F(z)$评估的精度要求,蒙特卡罗抽样次数需要达到一定的要求,Morgan 和 Henrion(1990)给出了确定蒙特卡罗抽样次数的方法。Zio(2013)提供了先进的抽样方法,可以用更少运算次数得到比传统蒙特卡罗方法更高精度的结果。同时,Morgan 和 Henrion(1990)给出了输入量之间存在依赖性情况下的抽样方法。相同的不确定性传播过程可以应用于所有输入量受认知不确定性并且其不确定性能够用主观概率描述的情况。

6.1.2　1层纯可能性框架

纯可能性框架中的不确定性传播通常基于模糊集理论的扩展原理来开展。下面首先基于以下示例介绍该原理。在该示例中,所有的输入量X都为单值,并且模型g的输出参数Z为实数。假设X的不确定性用可能性分布$\pi_X(x)$描述,该原理允许函数g扩展到其他函数,该函数是定义在实数域的所有可能性分布的集合间的映射(Zadeh,1975;Scheerlinck,Vernieuwe 和 De Baets,2012):

$$\pi_Z(z)=\sup_{x,g(x)=z}(\pi_X(x)) \tag{6.6}$$

在示例中,模型g的输入为实数参数$X_1,\cdots,X_n$的向量,模型的输出Z为单值量。假设输入量的不确定性能够用可能性分布$\pi_1(x_1),\cdots,\pi_N(x_N)$表示,则扩展原理可以表示为(Zadeh,1975;Scheerlinck,Vernieuwe 和 De Baets,2012)

$$\pi_Z(z)=\sup_{X_1,\cdots,X_N,g(X_1,\cdots,X_N)=Z}(\pi_{X_1}(x_1),\cdots,\pi_{X_N}(x_N)) \tag{6.7}$$

例 6.5

对于化学反应器的示例,利用物理模型g评估灾难性故障事件的后果。假设灾难性故障后果C(任意单位)为有毒气体释放量R(任意单位)的二次函数,可以表示为

$$C=g(R)=R^2 \tag{6.8}$$

式中,R的认知不确定性可以用三角形可能性分布描述:

$$\pi_R(r)=\begin{cases}0 & (r<0\text{ 或 }r>2)\\ r & (0\leqslant r\leqslant 1)\\ 2-r & (1\leqslant r\leqslant 2)\end{cases} \tag{6.9}$$

有毒气体释放量不确定性的可能性分布如图6.5所示。

在示例中,扩展原理提供了描述模型输出量C的不确定性的可能性分布。根据式(6.6),首先给定一个输出值$c>0$,进而确定有毒气体的释放量$r(c=r^2)$。在这种特殊情况下,计算结果为$r_1=-\sqrt{c}$和$r_2=\sqrt{c}$,则可以确定有毒气释放量的可

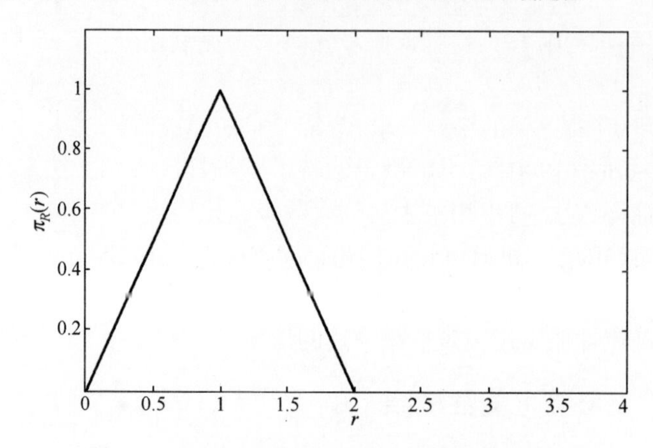

图 6.5 有毒气体释放量不确定性的可能性分布

能性分布 π_R 在确定的 r 处的取值,即 $\pi_R(r_1)$ 和 $\pi_R(r_2)$,然后将 $\pi_R(r_1)$ 和 $\pi_R(r_2)$ 中最大值赋予结果的可能性分布 π_C。在本示例中,由于 $\pi_R(r_1)=\pi_R(-\sqrt{c})=0$,则最大值为 $\pi_R(r_2)=\pi_R(\sqrt{c})$,根据式(6.9)中 $\pi_R(r)$ 的定义,可得

$$\pi_C(c)=\pi_R(r_2)=\pi_R(\sqrt{c})=\begin{cases}0 & (c<0\text{ 或 }c>2)\\ c & (0\leqslant c\leqslant 1)\\ 2-c & (1\leqslant c\leqslant 4)\\ 0 & (c>4)\end{cases} \tag{6.10}$$

输出量 C 的可能性分布的结果如图 6.6 所示。

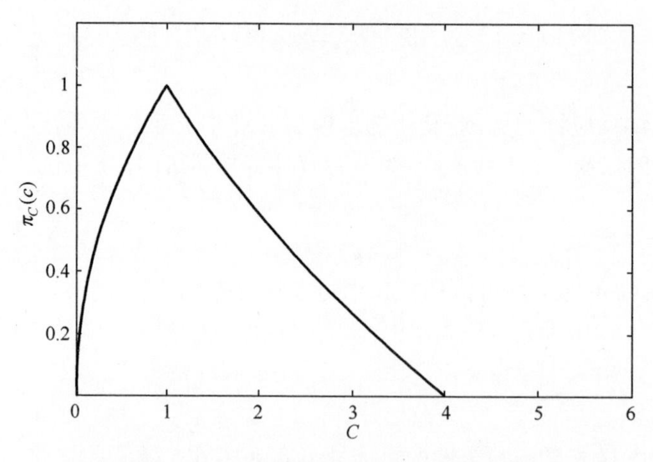

图 6.6 通过应用模糊扩展原理获得的故障后果的可能性分布

使用最小算子组合可能性分布的理由是 N 个输入量的联合可能性分布 $\pi_{X_1,\cdots,X_N}(x_1,\cdots,x_N)$ 定义为可能性分布 $\pi^{X_1}(x_1),\cdots,\pi^{X_N}(x_N)$ 中的最小值。

扩展原理的替代公式已经被证明与式(6.7)相同。该式基于嵌套的区间集合,即 $A_\alpha=[\underline{z}_\alpha,\bar{z}_\alpha]=\{z:\pi_Z(z)\geqslant\alpha\}$,通常称为 α-截集(见4.1节)表示输出的可能性分布。输入参数 $X_1,\cdots,X_N$ 的 N_α α-截集表示为 $X_{1\alpha},\cdots,X_{N\alpha}$。对于在[0,1]范围内给定的 α 值,扩展原理可表示为

$$\begin{cases}\underline{z}_\alpha=\inf(g(x_1,\cdots,x_N),x_1\in X_{1\alpha,\cdots,x_N}\in X_{N\alpha})\\ \bar{z}_\alpha=\sup(g(x_1,\cdots,x_N),x_1\in X_{1\alpha,\cdots,x_N}\in X_{N\alpha})\end{cases}\tag{6.11}$$

例 6.6

对于化学反应器的例子,考虑用替代模型评估灾难性故障事件的后果。假设有毒气体释放量 R 取决于反应器内两种不同类型的分子(A 和 B)的量 S_1 和 S_2:

$$R=g(S)=S_1+S_2\tag{6.12}$$

S_1 和 S_2 的认知不确定性由图6.7中所示的三角形可能性分布描述,并且对于 $i=1$ 和 $i=2$ 都定义为

$$\pi_{S_i}(s_i)=\begin{cases}0 & (s_i<0\text{ 或 }s_i>1)\\ 2s_i & (0\leqslant s_i\leqslant 0.5)\\ 2(1-s_i) & (0.5\leqslant s_i\leqslant 1)\end{cases}\tag{6.13}$$

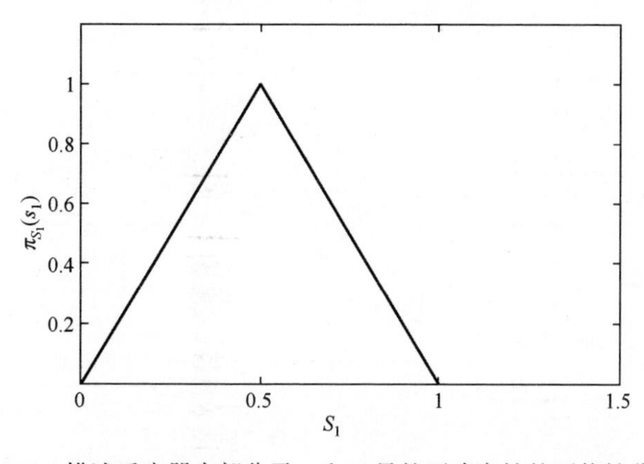

图6.7 描述反应器内部分子 A 和 B 量的不确定性的可能性分布

根据扩展原理,可以将不确定性从 S_1 和 S_2 传播到 R。作为示例,下面计算 $r=1$ 时 R 的可能性分布 $\pi_R(r)$。为了满足式(6.7)的情况,即 $g(X_1,\cdots,X_N)=Z$,本示例中可以表示为 $s_1+s_2=1$。我们考虑所有的取值 $(s_1,s_2)=(1-\varepsilon,\varepsilon)$,其中 ε 的取值范围[0,1]。对于 $0\leqslant\varepsilon\leqslant0.5$,可以确定 $\min(\pi_{S_1}(1-\varepsilon),\pi_{S_2}(\varepsilon))=\min(2\varepsilon,2\varepsilon)=2\varepsilon$,同时对于 $0.5<\varepsilon\leqslant1$,$\min(\pi_{S_1}(1-\varepsilon),\pi_{S_2}(\varepsilon))=\min(2-2\varepsilon,2-2\varepsilon)=2-2\varepsilon$。通过对 $s>0$ 的所有值应用模糊扩展原理获得有毒气体的释放量的可能性分布与之前在图6.5中给出的可能性分布相同。

根据式(6.11),扩展原理等同于使用 α-截集执行区间分析,即强加了输入可能性分布信息源之间强相关性的假设。在实际中,在不同专家提供描述不同输入量不确定性的可能性分布的情况下,这个应用可能是有问题的。读者如果对此研究感兴趣,可以参见 Pedroni 和 Zio(2012)以及 Baudrit, Dubois 和 Guyonnet(2006)。

6.1.3 1 层混合概率—可能性框架

假设用概率分布 $F_1(x_1),\cdots,F_n(x_n)$ 描述与前 n 个输入量 $X_1,\cdots,X_n(n<N)$ 相关的不确定性,而用可能性分布 $\pi_{n+1}(x_{n+1}),\cdots,\pi_N(x_N)$ 表示与剩余 $N-n$ 个量 $X_{n+1},\cdots,X_N$ 相关的不确定性。

混合不确定性信息通过函数 g 的传播可以利用将蒙特卡罗抽样与扩展原理相结合来进行(图 6.8)。主要步骤如下:

(1) 对概率量重复蒙特卡罗抽样;

(2) 应用模糊集理论的扩展原理(见 6.1.2 节)来处理与可能性相关的不确定性。

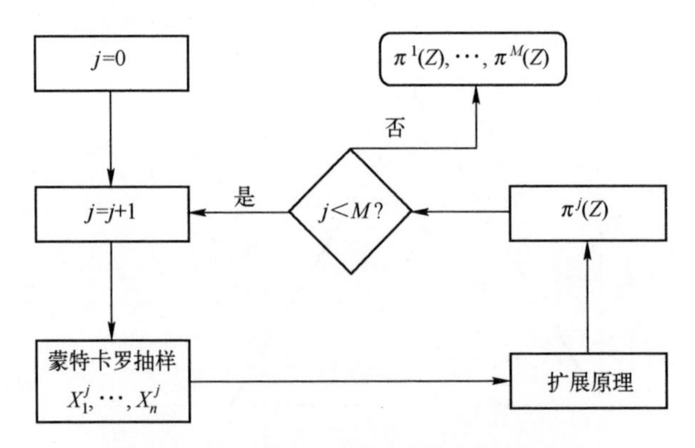

图 6.8 混合概率—可能性不确定传播方法

更具体地,对于在第 j 次蒙特卡罗抽样中获得的固定值 $x_1^j,\cdots,x_n^j$,扩展原理定义输出量 Z 的可能性分布为

$$\pi^j(z)=\sup_{x_{n+1},\cdots,x_N,g(x_1^j,\cdots,x_n^j,x_{n+1}^j,\cdots,x_N^j)=z}(\min(\pi_{n+1}(x_{n+1}),\cdots,\pi_N(x_N))) \tag{6.14}$$

例 6.7

根据式(6.11),函数 $R=S_1+S_2$ 的不确定性传播通过利用 α-截集确定。在操作上,在固定 α 值的基础上,识别 S_1 和 S_2 的量对应的 α-截集 $S_{1\alpha}$ 和 $S_{2\alpha}$,进而利用式(6.11)计算 $\underline{z}_\alpha$ 和 $\bar{z}_\alpha$。例如,如果 $\alpha=0.5$,可以确定 $S_{1\alpha}=S_{2\alpha}=[0.25,0.75]$。如果 S_1 和 S_2 在[0.25,0.75]之间变化,当 $S_1=S_2=0.25$ 时,S_1+S_2 取最

小值为0.5；当 $S_1=S_2=0.75$ 时，S_1+S_2 取最大值为1.5。因此，$\alpha=0.5$ 时，R 的 α-截集为[0.5,1.5]。

代入输出量 $\mathbf{Z}_\alpha=[\underline{z}_\alpha,\bar{z}_\alpha]$ 和第 j 个输出量 $X_{i\alpha}(i=n+1,\cdots,N)$ 的 α-截集，扩展原理也可以用式(6.11)表示，即

$$\begin{aligned}\underline{z}_\alpha&=\inf x_{n+1}\in X_{(n+1)\alpha},\cdots,X_N\in X_{N\alpha}(g(x_1^j,\cdots,x_n^j,x_{n+1}^j,\cdots,x_N^j))\\ \bar{z}_\alpha&=\sup x_{n+1}\in X_{(n+1)\alpha},\cdots,X_N\in X_{N\alpha}(g(x_1^j,\cdots,x_n^j,x_{n+1}^j,\cdots,x_N^j))\end{aligned}\tag{6.15}$$

在流程结束时，基于 M 次蒙特卡罗抽样所获得的概率量的值，可能性分布的集合可以被确定，即一组可能性分布($\pi^1,\cdots,\pi^M$)。然后，对包含在输出量 Z 的域中的每个集合 A 使用式(4.1)和式(4.2)，可以获得对应的可能性测度 $\prod^j(A)$ 和必然性测度 $N^j(A)$，即

$$\prod{}^j(A)=\max_{z\in A}\{\pi^j(z)\}\tag{6.16}$$

$$\mathbf{N}^j(A)=\min_{z\in A}\{1-\pi^j(z)\}=1-\prod{}^j(\bar{A})\tag{6.17}$$

然后，组合 M 个不同的可能性和必然性测度结果以分别获得对于任何集合 A(Baudrit，Dubois 和 Guyonnet，2006)的信度 Bel(A)和似然度 Pl(A)，即

$$\mathrm{Bel}(A)=\frac{1}{M}\sum_{j=1}^{M}\mathbf{N}^j(A)\tag{6.18}$$

$$\mathrm{Pl}(A)=\frac{1}{M}\sum_{j=1}^{m}\prod{}^j(A)\tag{6.19}$$

例6.8

对于化学反应器的例子，我们利用6.1.2节中用于评估有毒气体释放量 R 相同的模型，根据式(6.7)，R 取决于反应器内两个化学分子的量 S_1 和 S_2。如6.1.2节所述，假设 S_1 的认知不确定性由三角形可能性分布描述：

$$\pi_1(S_1)=\begin{cases}0 & (S_1<0\text{ 或 }S_1>1)\\ 2S_1 & (0\leqslant S_1\leqslant 0.5)\\ 2(1-S_1) & (0.5\leqslant S_1\leqslant 1)\end{cases}\tag{6.20}$$

与之前的情况不同，S_2 的认知不确定性由参数值 $\beta_1=5$ 和 $\beta_2=20$ 的 β 概率密度函数来表示(图6.9)，即

$$p_2(s_2)=\frac{\Gamma(\beta_1)}{\Gamma(\beta_1)+\Gamma(\beta_2)}(s_2)^{\beta_1-1}(1-S_2)^{\beta_2-1}$$

首先利用蒙特卡罗抽样开展不确定性传播，从 β 概率分布确定 S_2 的值；然后应用在模糊扩展原理中。例如，如果 S_2 的蒙特卡罗抽样值为0.43，将其代入式(6.11)所示的扩展原理，可得

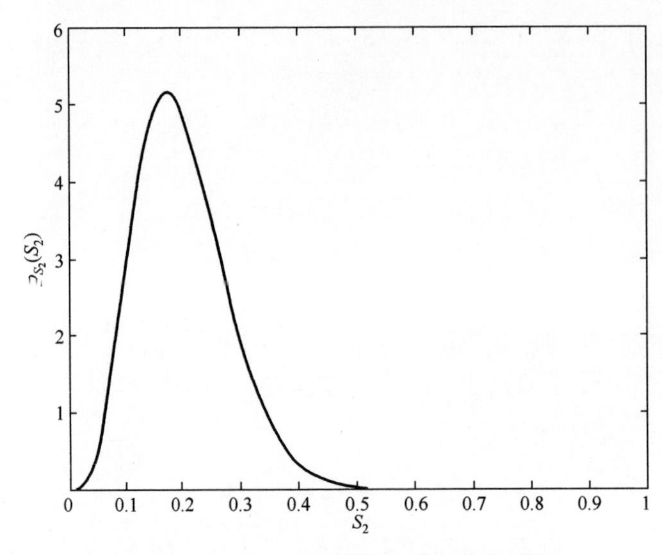

图 6.9　描述 S_2 不确定性的概率密度函数

$$\begin{cases}\underline{z}_\alpha = \inf s_1 \in S_{1\alpha}(0.43+s_1) \\ \bar{z}_\alpha = \sup s_1 \in S_{1\alpha}(0.43+s_1, s_1 \in S_{1\alpha})\end{cases} \tag{6.21}$$

在这种情况下，对应于区间 $S_{1\alpha}$ 的最小值和最大值，即 $\alpha/2$ 和 $1-\alpha/2$，确定 $0.43+s_1$ 的最小值和最大值分别为

$$\begin{cases}\underline{z}_\alpha = 0.43+\alpha/2 \\ \bar{z}_\alpha = 0.43+1-\alpha/2\end{cases} \tag{6.22}$$

所获得的可能性分布如图 6.10 所示。图 6.11 所示为 S_1 的 100 个不同采样值获得的可能性分布。

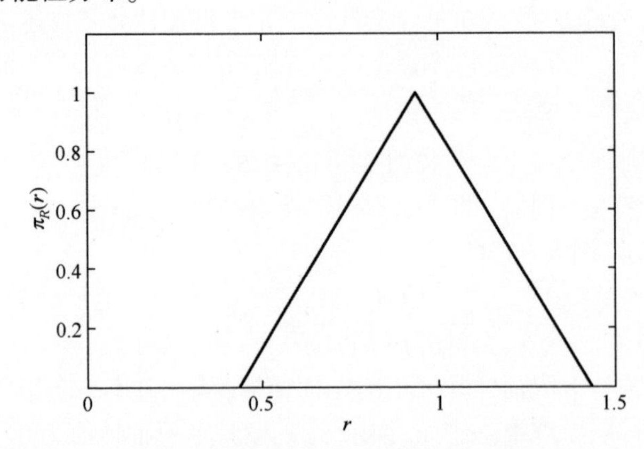

图 6.10　反应器中分子 B 的量 S_2 的蒙特卡罗抽样值为 0.43 时，获得的有毒气体释放量的可能性分布

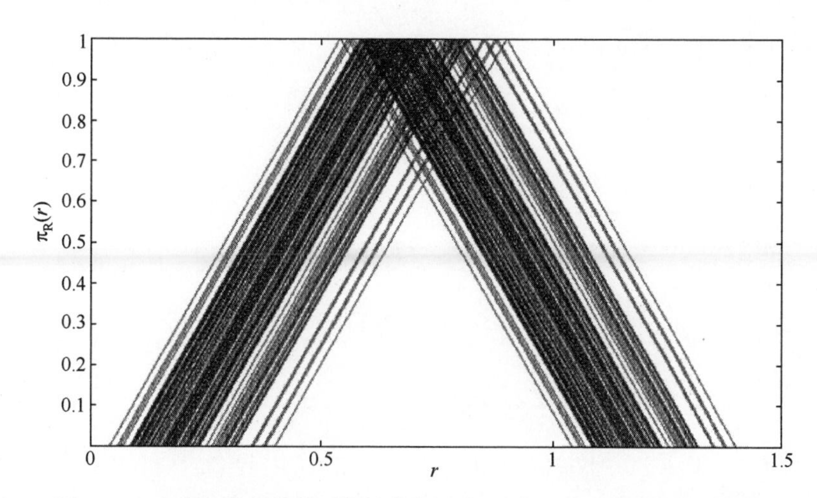

图 6.11　有毒气体释放的可能性分布对应 S1 的 100 个蒙特卡罗采样值

式(6.18)和式(6.19)经常用于计算信度 Bel([0,z))和似然度 Pl([0,z)),然后将其解释为 Z 累积分布边界的累积分布,$H(z)=P(Z\leqslant z)$。

重要的是要意识到,除了基于扩展原理的信息源之间的相关性假设之外,混合传播方法假设概率量组与可能量组之间的随机独立性。

6.2　2 层不确定性传播设定

在本节中,考虑模型设置 $Z=g(X)$,其中 N 个输入量 $X=(X_1,\cdots,X_N)$ 受到可以使用频率概率密度函数 $f_i(x_i \mid \Theta_i)$ ($i=1,\cdots,N$) 表示的随机不确定性的影响,其中,Θ_i 是概率密度函数的不确定参数。下面利用具有单个参数的概率密度函数的特殊情况阐述本节的方法。此外,假设参数受认知不确定性的影响,将考虑用两种不同的方法表示其不确定性:概率分布;证据理论。

概率分布产生纯概率的 2 层框架;证据理论产生利用带有未知参数的概率模型表示的 $\boldsymbol{X}$ 的不确定性的混合方案,其中,未知参数用证据理论描述。

例 6.9

图 6.12 所示为图 6.11 中相应的可能性分布下的集合[0,r)的可能性和必然性测度的 100 个结果。图 6.13 所示为应用式(6.18)和式(6.19)获得的信度分布 Bel([0,r)) 和似然度分布 Pl([0,r)),并且可以解释为有毒气体释放量的有界累积分布。

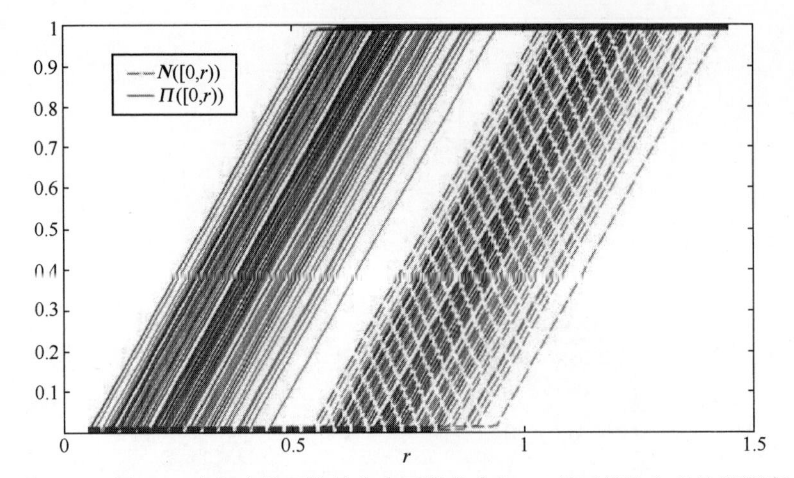

图 6.12　图 6.11 中相应的可能性分布下的集合[0,r)的可能性和必然性测度

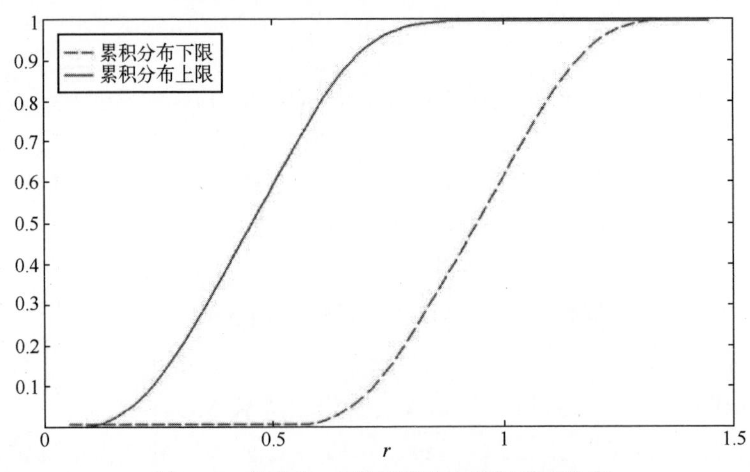

图 6.13　集合[0,r)的信度分布和似然度分布

6.2.1　2 层纯概率框架

在这个框架中,分别用主观概率分布和频率概率分布表示参数 Θ 的认知不确定性和输入量 $X_1,\cdots,X_N$ 的随机不确定性。另外,用 $h_i(\theta_i)$ 表示描述频率概率密度函数 $f_i(x_i \mid \Theta_i)$ 的参数 Θ_i 不确定性的主观概率密度函数。

如前所述,数值方法只能用于几个简单的情况,因此最常见的方法是蒙特卡罗仿真。另外,考虑了具有较低计算量的其他技术,例如,基于局部扩展的技术,最可能点,功能扩展和数值积分(如 Xiong 等,2011),但是这些方法不能得到与蒙特卡罗仿真一样的精度。本节将考虑用蒙特卡罗仿真的方法。通过两层仿真(或双层循环仿真)(Cullen 和 Frey,1999)传播随机和认知不确定性。对认知不确定性参数在外循环中抽样并被传入内循环,对随机不确定性参数在内循环中抽样。实际上,以下两个步骤不断被重复,如图6.14所示。

(1) 外循环。蒙特卡罗抽样用概率密度函数 $h_i(\theta_i)$ 表示的认知不确定性参数 Θ_i。在循环中,第 j 次重复获得的值表示为 $\theta^{j_e}=(\theta_1^{j_e},\cdots,\theta_N^{j_e})$,且该步骤的重复次数为 M_e。

(2) 内循环。在主观不确定性参数 Θ_i 取 $\theta_i^{j_e}$ 的前提下,利用蒙特卡罗抽样对利用概率密度函数 $f_i(x_i\mid\theta_i^{j_e})$ 表示的参数 $X_i,\cdots,X_N$ 进行抽样。在该步骤中的蒙特卡罗抽样的重复次数为 M_a。另外,可以通过使用其他概率技术执行内循环,如一/二阶可靠性方法(FORM / SORM)(Kiureghian, Lin 和 Hwang, 1987)。在参数 $\theta_i^{j_e}$ 确定的情况下,该步骤的输出为模型输出量 Z 的经验累积分布。

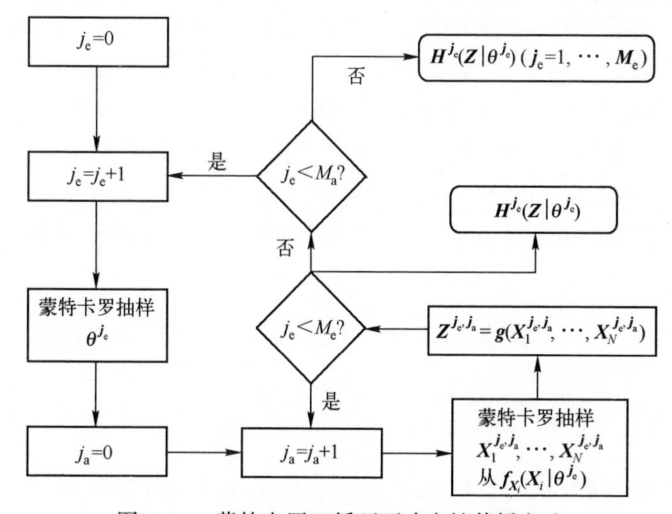

图6.14　蒙特卡罗双循环不确定性传播方法

这两个步骤提供了一组累积分布 $H_{j_e}(z\mid\theta_j^{j_e})(j_e=1,\cdots,M_e)$,用于外循环的每一次重复。考虑到从这样的形式中提取输出不确定性的简明信息比较困难,这些分布在实践中不能被直接使用。一种可能的方法是修正累积分布的给定百分位数,如95%分位点,然后针对不同的认知不确定性参数 Θ_i 构建该百分位的概率密度函数。另外,针对外循环中主观不确定参数的每次抽样,Helton (2005)评估内循环中输出参数 $E[Z\mid\theta^{j_e}]$ 的期望值。Z 的整体(无条件)期望值 $E[E[Z\mid\Theta]]$ 由所有外循环计算值 $E[Z\mid\Theta]$ 的均值确定。Z 的主观不确定性用分布 $E[Z\mid\Theta]$ 表示。

6.2.2　2层混合概率—证据理论框架

如上节所述,考虑模型 $Z=g(X_1,\cdots,X_N)$ 的设置,其中 N 个输入随机量

$X_1,\cdots,X_N$ 的输入不确定性能够用频率概率密度函数 $f_i(x_i \mid \Theta_i)(i=1,\cdots,N)$ 表示。然而,与纯概率的情况不同,我们使用证据理论的框架描述参数 Θ_i 的认知不确定性。特别地,定义焦点集并为每个参数 $\Theta_i(i=1,\cdots,N)$ 分配它们的相关量。在证据理论空间 (S_i,J_i,m_i) 中表示各信息,其中,S_i 为参数 Θ_i 的域,即参数所有可能值的集合,$J_i=\{J_i^{(l)},l=1,\cdots,u_i\}$ 为焦点集 μ_i 的集合,$m_i(J_i^{(l)})$ 为与焦点集 $J_i^{(l)}$ 相关的质量。

下面提出一种混合蒙特卡罗—证据理论的不确定性传播方法,其将不确定量的不同组合映射到输出量的一些特定的概括测度(均值、四分位数等)中(Helton,Johnson 和 Oberkampf,2004)。

首先考虑参数的 N 维空间 $\Theta=(\Theta_1,\cdots,\Theta_N)$。根据 Helton,Johnson 和 Oberkampf(2004),表征该多维空间中不确定性的证据空间 (S_Θ,J,m_J) 由基于单个参数 $\Theta_i(i=1,\cdots,N)$ 的单维证据空间构建。具体来说,S_Θ 是包含了属于 N 个不确定量样本空间的笛卡儿乘积的点 $\Theta=(\Theta_1,\cdots,\Theta_N)$ 的集合,即 $\{\Theta \mid \Theta=[\Theta_1,\cdots,\Theta_N]\in S_1\times\cdots\times S_N\}$,焦点集元素对应的集合为 $J=(J_1\times\cdots\times J_N)$。单独考虑 Θ 的参数,将基本信度分配 m_J 与 J 中的每个焦点集元素 $E=(E_1,\cdots,E_N)$ 相关联。类似于概率空间的情况,其中属于不同空间的事件的组合概率由单个事件的概率的乘积确定,与 E 相关联的基本信度分配为

$$m_J(E)=\begin{cases}\prod\limits_{i=1,\cdots,N} m_i \mid (E_i) & (E=(E_1,\cdots,E_N)\in J)\\ 0 & (\text{其他})\end{cases} \tag{6.23}$$

例 6.10

假设故障时间服从指数分布时的故障率 λ_1 已知,并在区间[0,1/100]中,且 3 个不同的专家(由 l 索引,$l=1,2,3$)提供了包含真实参数值的区间 $J_1^{(l)}=[a_1^{(l)},b_1^{(l)}]$(表 6.1)。这些工作都是他们根据经验独立做出的。类似地,假设修复时间指数分布的修复率 λ_2 已知,并在区间[0,1]中,并且其他两个专家(不同于上述故障率分配的那些专家)已经提供了认为其包含真实参数值的区间 $J_2^{(l)}=[a_2^{(l)},b_2^{(l)}](l=4,5)$(表 6.1),所有专家被认为同样可信。

表 6.1　由不同的专家独立提供的参数不确定性范围

参数	专家 1		专家 2		专家 3		专家 4		专家 5	
	min	max	min	max	min	max	min	max	min	max
Θ_1	1/1000	1/500	1/2000	1/750	1/800	1/200				
Θ_2							1/12	1/4	1/5	1/2

根据 Helton, Johnson 和 Oberkampf(2004)提出的流程,我们认为具有相关非零质量的焦点集是 $J_1^{(1)}$、$J_1^{(2)}$、$J_1^{(3)}$ 和 $J_1^{(4)}$、$J_1^{(5)}$(图 6.15 和图 6.16)。与所有信息来源可信的假设一致,给定的焦点集元素 $J_i^{(l)}$ 相关联的基本信度分配是指定该焦点集集合的信息的比例。因此,在这种情况下,焦点集元素 $J_1^{(1)}$、$J_1^{(2)}$、$J_1^{(3)}$ 相关联的基本信度分配,即 $m_1(J_1^{(1)}) = m_1(J_1^{(2)}) = m_1(J_1^{(3)}) = 1/3$,焦点集元素 $J_1^{(4)}$、$J_1^{(5)}$ 相关联的基本信度分配,即 $m_1(J_1^{(4)}) = m_1(J_1^{(5)}) = 1/2$。

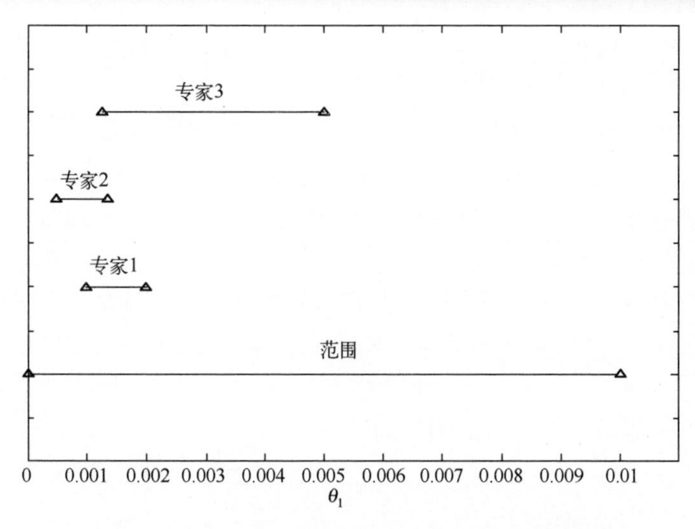

图 6.15　由 3 位专家提供参数 Θ_1 的可能值的范围

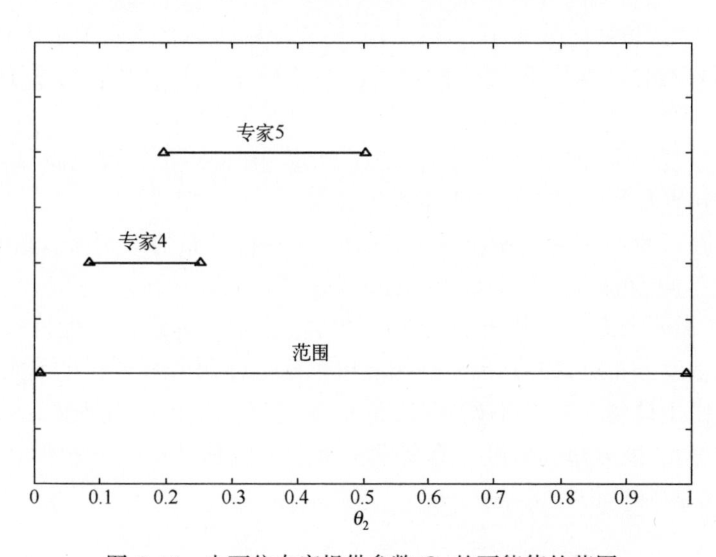

图 6.16　由两位专家提供参数 Θ_2 的可能值的范围

注意,在这种情况下采用的假设,通常称为"随机集独立性"(Couso,Moral和 Walley,1999):提供不同参数估计的专家必须不同。相对于对数正态分布的均值和标准差,这一假设已在 Helton,Johnson 和 Oberkampf(2004)中使用。然而,式(6.23)不能应用在参数之间存在不同形式独立性的情况,解决这些不同情况的其他公式已经提出(Couso,Moral 和 Walley,1999;Su 等,2011;Yager,2011)。

例 6.11

表征二维空间 $\Theta=[\Theta_1,\Theta_2]$ 中不确定性的证据空间(S_Θ,J,m_J)由样本空间 $S_\Theta=[S_1\times S_2]=[[0,1/100]\times[0,1]]$定义,焦点集的集合可以表示为

$$J=\{E_1=J_1^{(1)}\times J_2^{(4)},E_2=J_1^{(1)}\times J_2^{(5)},E_3=J_1^{(2)}\times J_2^{(4)},$$
$$E_4=J_1^{(2)}\times J_2^{(5)},E_5=J_1^{(3)}\times J_2^{(4)},E_6=J_1^{(3)}\times J_2^{(5)}\}$$

分配给所有 6 个焦点集的基本信度分配,$m_J=1/3\times 1/2=1/6$,即为分配给区间的概率量 m_1 和 m_2 的乘积。

将不确定性从 Θ 传播到模型输出 Z 的方法包括以下步骤。

(1) 定义 S_J 上的概率分布 $p_\Theta(\theta)$。该概率分布用来生成 Θ 的样本 $\theta^j=[\theta_1^j,\cdots,\theta_N^j]$。

(2) 从 N 维空间 Θ 中生成随机样本 $\theta^j=[\theta_1^j,\cdots,\theta_N^j]$,与在步骤(1)中定义的分布一致。

(3) 在 Θ 的参数值确定的基础上,开展标准蒙特卡罗抽样,对影响随机量 $X_1,\cdots,X_N$ 的不确定性进行传播,获得关于输出量 Z 的不确定性。需要开展大量的仿真行为,仿真次数为 M_a。然后,使用各种概括测度累积关于仿真量 Z 的信息,例如,Z 的平均值和百分位数。在该步骤中计算这些测度并形成输出向量。

(4) 重复步骤(2)和步骤(3)M_e 次。注意,M_e 应该足够大以确保在多维空间的每个焦点集 J 中对至少一个点进行采样。

(5) 在区间$[-\infty,\phi_v]$中,以似然度分布和信度分布的形式评估函数 g 的输出 Z 的概括测度的不确定性 $\Phi_v,v=1,\cdots,V$。

最后,需要考虑的是基于证据理论的方法表示不确定性。也就是说,似然度分布和信度分布对认知不确定性和随机不确定性两者都进行了编码:认知不确定性是由于模型参数的不确定性,随机不确定性是由于过程的随机性。此外,计算的似然度分布和信度分布受蒙特卡罗方法估计误差的影响,可以通过增加抽样次数降低估计误差。

第7章　讨　论

虽然基于概率表示不确定性（概率风险评估，PRA）的风险评估框架已经被证明在广泛的应用过程中是一个有用的工具，但是越来越多的研究人员指出基于概率方法的风险评估在某些情况下具有一定的局限性。他们提出的主要观点是可用于分析的知识和信息（缺乏）无法在所有情况下通过概率合理反映。为了解决这些问题，现已提出除了纯概率方法以外的方法，其中包括了在前面章节中描述的方法。现有研究发展是技术性的，较少强调运用于实际风险评估的原则和准则。本章将开展这方面问题的讨论，并对所提出的各种方法提出建设性的意见。讨论基于 Flage 等的研究（已提交），他们确定并讨论了不确定性处理在风险分析背景下的5个发展方向。

（1）概率；

（2）具有概率上下界解释的非概率表示方法；

（3）具有除了概率上下界解释的非概率表示方法；

（4）概率和非概率组合表示的混合方法；

（5）半定量方法。

下面运用这5个方向作为讨论的出发点。

7.1　概率分析

概率分析是用于处理涉及风险分析的不确定性问题的主要方法，包括随机和认知类型。概率似乎确实完全适合于描述随机不确定性，局限于其相对频率解释。当用作认知不确定性表示时，合适的解释是基于主观的以贝叶斯概率框架为典型的方法（Bedford 和 Cooke，2001；NRC，2009）。一些作者认为，在应用过程中使用概率的问题主要在于度量步骤，而不是概率本身的概念（Lindley，2006；Bernardo 和 Smith，1994；O' Hagan 和 Oakley，2004）。正如 Lindley（2006）以及 O'Hagan 和 Oakley（2004）所建议的那样，一个发展方向是保持概率作为不确定性的唯一表示，并着重于改进概率的度量步骤（Lindley，

2000;O'Hagan 和 Oakley,2004;North,2010)。但是,此文献的支持者认可在概率分配中存在不精确的问题,但是这些问题与概率的获取相关,而不是概率概念的问题。

这是一个强有力的论断,但是没有正当理由证明它可以作为一般性声明。我们需要澄清所处理的情况,在风险评估与管理的实践中加以区分。风险管理的决策分析的经典示例考虑了概率和风险的评估人员同样也是决策者的情况。在这种情况下,可以认为(主观的)概率作为唯一的不确定性测度是适当的,因为评估的主观性是由评估人员自己带入决策方案的。简单地说,评估人员通过表达自己的判断以得到他(她)用于决策制定的概率评估。然而,风险评估在实际应用中所常见的情况是不同的,即当有一个(或多个)评估人员执行(概率)风险评估时,并且其结果提供给评估人员以外的决策者时。这种情况的具体特征如下:

(1) 风险评估由风险分析师/专家组根据决策者(或其他利益相关者)的要求进行。评估取决于评估人员的主观专业知识。

(2) 目的是进行评估,其结果独立于决策者(和其他利益相关者)。

(3) 除了决策者之外的多个利益相关者通常将被告知评估及其结果。

(4) 决策者和利益相关者将根据其主观价值和偏好来执行决策制定过程,并且所被告知的风险结果是基于评估人员(主观)专业知识获得的。

一个例子是社会安全问题,政治家们被告知与替代方案相关的风险评估结果,并根据风险评估结果制定保护措施,而风险评估是由风险分析专家完成的。

显然,在这种情况下,决策者做出的决策受评估人员在计算获得的输出概率中的风险评估知识的影响。系统知识和现象研究的程度决定了评估及其对决策者的影响程度。相反,当知识匮乏的时候,评估应该是透明的并在基于提供的概率进行决策的过程中公开。

在上述决策方案中,应从风险评估中保留并在决策过程中考虑输出结果,其中包括两个主要组成部分。

(1) 由不确定性测度提供的定量描述 Q(如概率 P);

(2) 在评估中使用的背景知识水平 K。

我们认为这是非常重要的,因为根据情况分析,风险评估的概率在某种程度上被定义为主观的或主体间的。当进行风险评估时,背景知识在很大程度上表现为所做的假设。在知识相对较为匮乏的情况下,往往做出较强的假设。在知识较为丰富时,需要较弱的假设。表 7.1 提供了反映 Q 和 K 不同"状态"下不同情况的矩阵。

表 7.1　反映不确定性测度 Q 和知识水平 K 不同情况的矩阵(数字仅仅代表相应矩阵元素)

不确定性测度 Q	主　观	专家之间的	广泛的主体间的
知识水平 K			
风险评估中的强—弱假设		(3)	(5)
风险评估中的中—强假设		(2)	(4)
风险评估中的弱—强假设	(1)		

考虑到表 7.1 中情况(1),其被强假设和一个主观不确定性测度所表征,被认为是主观概率。通过用区间概率替换概率 P 的意图是将这种情况转变为表 7.1 中(2)、(3)、(4)或(5)。这个想法是采用较少主观的并且基于不那么强假设的区间。在大多数情况下,变化将导致表 7.1 中情况(2),因为区间还需要基于一些假设,并且不确定性描述的某些方面通常不是主体间的。

需要说明的是,矩阵的不同元素值的排序没有在表 7.1 中展现。主观分配(1)在某些情况下可能很好地服务于评估的目标,其中重点是表达了一些分析人员对特定问题的看法。这样的结果被认为是主观的,但是仍然被认为是相关决策的有用信息。在其他情况下,可能寻找更多的主体间的结论,并且更加独立于特定分析人员或专家的判断。通常,不同方法的组合可以有助于支持决策。需要由选定的分析人员和专家形成主观判断及信念,并且需要产生更多主体间的结论,而知识缺乏与否都会直接展示出来,并不需要输入额外的信息。

7.2　概率的上下界

可以对不确定性进行精确度量是概率发展成为不确定测度所基于的一个公理,参见 Bernardo 和 Smith(1994,第 31 页)。作为一个公理,这被认为是一个基本的真理,在理论和范式中不被质疑。然而,许多研究人员质疑这种假设并且对精度提出了要求(Dempster,1967;Walley,1991)。事实上,不精确的问题并不容易被忽视,例如,来自贝叶斯支持者的这些声明:

一些作者已经分析了公理,并提出了反对的意见。一个严谨的批判来自 Walley(1991),他构建了一个系统,其中采用一对数字(称为概率上下界)代替单一概率。这个结果是一个更加复杂的系统。我的立场是复杂化是并不需要的。(*Lindley*,2000,第 298 页)

事实上,在实践中可能存在一些不同的区间[…]。(*Bernardo* 和 *Smith*,1994,第 32 页)

然而,我们并不希望这变成教条。我们的基本保证是定量一致性,是保证精确还是被允许不精确这个问题应当是一个开放的、有争议的问题。可以说,信度和价值的"测量"并不完全类似于物理上的"长度"。[…] 在这项工作中,我们将在一个假设精确量化的规范性理论的基础上进行,但是在实际上应该承认所有这一切应该不能被完全相信,并开展大量的系统敏感性分析。(*Bernardo* 和 *Smith*,1994,第 99 页)

区间或非精确概率被提出作为不确定性测度,用以替代"精确"(单值)主观概率。主要是因为区间能够更好地对应于许多情况下可用的(较少)信息。区间可以直接通过论据获取,或者由指定的可能性函数间接建立,或者从证据理论框架中的质量函数得到,如前面章节所述。

考虑(主观地)描述已知取值为 1,2,3,4 或 5 的 y 的不确定性问题。不同值的概率分配的基础是相对薄弱的,因为缺乏对生成 y 的过程的认知,即存在大量的认知不确定性。若使用精确概率,分析人员需要指定 5 个值,即 y 为 1,2,3,4,5 的每一个可能值的概率(实际上只需要 4 个概率,因为它们的和必须为 1)。由于对过程的认知不足,分析人员可能难以对 y 的 5 个可能值中的每一个分配具体精确的概率。例如,0.1,0.2,0.3,0.1,0.3 的分布可能会给分析人员留下不安的感觉,即这些数字可能是由那些分配背景知识较为薄弱的人员任意给出的。然而,评估人员可能发现它实际上是可行的,因为他(她)只有 4 个数字来分配并且认为所分配的值确实可以反映他(她)的最佳判断。或者,评价人员可以选择均匀分布反映 $y=2$ 或 $y=5$ 或其他值在他(她)心中的相同信任程度。这样的分布实际上反映了评估人员的不确定性,使用这个分布主要是因为只需要一个值。

原则上,区间的分配似乎更适合于潜在过程缺乏知识的情况,这导致对概率的赋值缺乏准确性。这是因为分析人员不需要指定一个确切的数字;相反,分析人员被给予通过一种非精确的(区间)规范来反映他(她)在分配方面有限的知识和相关的不确定性。然而,事实是在实际过程中分析人员仍然需要分配数字,不仅对每个 y 的单一取值,而是一个下界和一个上界,这反映了由于知识的缺乏造成分配的不精确。例如,$y=3$。需要解决的问题是:$y=3$ 的可能性有多大?分析人员会发现很难在区间[0,1]中仅指定一个数字,那么,他(她)如何分配边界呢?一个方法是直接分配,比如,$y=3$ 的概率位于区间[0.2,0.5];但是,人们可能会觉得这种区间赋值有些武断,而实际上,我们需要进行两次分配(区间的上下界),从而导致双重来源的随意性。此外,合理解释所分配的区间表示的意义是具有挑战性的。首先,它表示分析人员不愿意指出对于 $y=3$ 的概率比[0.2,0.5]更精确的信任程度。它还表示分析人员对于 $y=3$ 的实现的信度高于从2 个球的瓮中取出特定球的概率,而低于从 5 个球的瓮中取出特定球的概率,分析人员不愿意指出他(她)对于 y 取值的信度。这种推理并不简单,可能难以被开展分配工作的评估人员所理解。根据我们的经验,评估人员需要花费大量的训练和时间才能习惯这种思维方式。

此外,许多评估人员很难理解相对于精确数值而言采用区间概率分配所取得的结果。最后,能够表示分配过程不精确的区间提供了更丰富的描述,包含于两组数值中,其内容远比单一数值点难以读取。由于它们在分配这些数值时面临困难,评估人员会质疑超出传统单一不确定性描述的必要性,比如利用单值概率描述不确定性。

这种反思对于风险评估的应用及之后的决策过程是十分重要的。为了能够在实践中有效地使用区间概率,区间分配中的难点需要识别、解决和充分处理。更多而广泛的研究需要在区间提取和区间解释领域开展。在提出解决方案之前,对于背景知识匮乏且没有给出清晰的结构形式的情况,提出如下建议。

(1) 继续使用精确概率,但是补充背景知识的明确表征,例如,采用定性分析方法评估定量分析所基于的假设的重要性(见 7.5 节)。

(2) 如果具有有效的信息和知识支持特定区间值的分配,例如,如果可以导出特定的可能性函数或者专家判断支持区间的使用,则可以使用区间概率补充精确概率。例如,假设专家提供的关于 y 的信息为:没有证据表明 y 的值是否为 3,对于 y 的剩余取值 1,2,4,5,其概率上界分别为 0.2,0.5,0.7,0.3。这些所引出的专家判断可以由一组概率区间很好地反映[0,0.2],[0,0.5],[0,1],[0,0.7]和[0,0.3]。

7.3 除概率上下界解释的非概率表示方法

非精确概率分析可以认为是概率分析的衍生。其共同的出发点是单值概率认为不足以表示不确定性,并且所要求的解决方案是利用基于概率上下界所解释的测度表示不确定性。此外,基于证据理论(信度和似然度测度)和可能性理论(必然性和可能性测度)的表示可以解释为概率的上下界;事实上,可能性理论和概率论都是证据理论的特例。然而,信度测度和可能性测度也可以理解为"信度"和"可能性测度"本身,而不是作为概率上下界。这就是如何根据 Shafer(1976)理解信度函数,他提出证据理论作为贝叶斯主观概率理论的泛化,并不需要每个命题或事件的概率,而是需要基于相关的其他命题或事件的概率所获得的该命题或事件真实发生的信度。Shafer(1990)使用了多个隐喻分配(并以此解释)一个信度函数 Bel。根据最简单的一个,$\mathrm{Bel}(A)=q$ 意味着评估人

员判断表明事件 A 是真实的证据的强度相当于有 $q\times100\%$ 几率是可靠的证人所提供的证据的强度,即

$$\mathrm{Bel}(A)=P(\text{主张 } A \text{ 是真实的证人是可靠的})$$

因此,在解释方面的二重性同样影响了可能性理论(必要性/可能性测度与概率上下界)和信度函数理论(信度/似然度测度与概率上下界),其类似于那些影响概率(显示相对频率与信任程度)的因素。基于不同于概率上下界解释的方法代表了风险分析中不确定性表示的重要的发展方向。可能性理论中的"可能性测度"以及证据理论中的"信度测度"无法提供足够清楚的解释。这是Cook(2004)寻求可能性理论中可能性函数(以及模糊集理论中的隶属函数)的"操作定义"的动机。因此,其中一个关键挑战是对这些概念制定明确的解释(操作定义),然后制定相应的测试/启动程序。

7.4 不确定性的混合表征

概率边界分析(在 1.5.2 节中提到)是说明如何研究针对不确定性的不同表示的组合的一个示例,这里涉及概率分析和区间分析。另一个例子是概率分析和可能性理论,其中与模型参数的一些参数相关的不确定性由概率分布表示,并且与剩余参数相关的不确定性由可能性分布表示。参见 Baudrit(2006);Helton,Johnson 和 Oberkampf(2004);Baraldi 和 Zio(2008);Li 和 Zio(2012);Pedroni 等人(2013);Flage 等人(2013)。概率和可能性分布是信度函数的特殊情况,整合工作也在信度函数理论框架下进行。参见 Dempster 和 Kong (1988);Almond (1995);Démotier,Schön 和 Denoeux (2006)。一个结合非参数预测推理(NPI)和标准贝叶斯框架的混合方法也已提出(Montgomery,2009)。

不确定性表示的组合意味着不同表示适用于不同的情况。但是,何时使用概率以及何时在风险评估中使用替代表示的权威指导很难找到。通常的观点是,只有当存在足够数量的数据作为确定概率(分布)的基础时,概率才能作为不确定性的适当表征;然而,如 1.5.2 节所述,如何做出这样的操作并不容易(Flage,2010,第 33 页)。考虑频率概率模型参数的不确定表征,如果存在足够大量的数据,则将不存在关于参数的不确定性,并且不需要这种不确定性的表征。所以,当有足够的数据来支撑概率,但是不足以准确地指出所讨论参数的真实值,那么会不会使单值概率作为认知概念是多余的呢?

举例说明(Flage,2010,第 33 页),考虑对没有可用观察值的伯努利随机变

量 Y_1 的参数 p 的不确定性表征,并且通常认为难以得到任何有根据的观点。p 的典型无信息先验分布将会是参数 y_0 和 n_0 都等于 1 的 β 概率分布,其在单位区间为均匀概率分布,并且 $P(Y_1=1)=E[p]=y_0/(y_0+n_0)=0.5$。一个经常出现的争论的核心就是,对于一个未经测试但是没有被质疑的硬币进行抛掷,大多数人仍然会分配 $P(Y_1=1)=E[q]=0.5$(由 q 的不均匀概率分布产生,以 0.5 为中心),其中,如果结果是“正面”,$Y=1$,而当结果是“反面”,$Y=0$,但是也许会有一个对于(定性的)这种情况极大差异的理解。这个问题的一个可能的解决方案是进行分配,例如,$P(Y_1=1)=1/2$ 和 $P(Y=1)=100/200$,分母和分子的选择反映相应概率分配的信心(Lindley,1985);然而,这样会涉及两个数字的分配,就像分配概率上下界一样。假设我们观察到伯努利过程的 n 个实现值,y_1,$\cdots y_n$,并且通过贝叶斯更新可得

$$p_n=P(Y_{n+1}=1\mid y_0,y_1,\cdots,y_n)=\frac{(y_0+y_1+\cdots+y_n)}{(y_0+n_0+n)}$$

随着 $n\to\infty$,根据大数定律,$p_n\to p$ 的真实值。那么,存在下列问题。

(1) n 的哪些值可以推出概率表示是合理的,哪些值不是?

(2) 当概率表示不合理时,选择特定表示形式(区间分析,非精确概率,可能性理论,证据理论等)的准则应该是什么?

对于问题(1),可能需要一种实用的方法。精确概率是不涉及非精确的理想情况;但是总是会有一定程度的非精确。另一方面,由于使用(计算)概率相对简单,如果所涉及的非精确水平被认为足够小,则使用概率是可取的。此外,根据可用观测值的相关性,在不同情况下,被认为是足够的 n 的取值也是不同的。

问题(2)指出了与混合方法及特定混合方法(区间分析/概率,可能性/概率等)相关研究的重要发展方向。

7.5 半定量方法

到目前为止所描述的表示都是定量的。另外一种称为半定量方法的是基于定量表示和定性方法的混合方法。因此,它可以认为是一种整合了定量和定性方法的一种混合方法。具体来说,半定量方法包括使用定量不确定性表示(上述 7.1 节~7.4 节),辅以针对结果的背景知识 K 的定性评估及表征,用以处理不能以定量形式转化与表达的情形。

此类方法的示例在 Aven(2008a,2008b,2013b)以及 Flage 和 Aven(2009)中

有所体现：在这两个示例中，标准概率风险描述由无法被定量描述适当反映的不确定性的定性评估加以补充。

半定量方法同样认为概率不是完美的，并且更加坚持这个看法，即不确定性和风险的全部范围不能转化为定量形式，需要使用概率或其他不确定性测度。在此基础上，在主观概率的背景知识中“隐藏”的“不确定因素”以定性方式识别和评估。根据第一部分中引入的符号，不确定性表征可以由式 $Q=(P, U_F)$ 表示，其中，U_F 表示在基于 P 的条件下，“隐藏”在背景知识 K 中的不确定因素的定性表征。

这种识别和评估使用简单程序对支持概率分析的知识的强度进行分类。例如，如果这些条件中的一个或多个是真实的，则判定背景知识较为匮乏（Flage 和 Aven，2009）。

（1）所做的假设可以被大量地简化；

（2）数据不可用或不可靠；

（3）专家之间缺乏共识；

（4）所涉及的现象不是很清楚；模型不存在或已知/确信得不到满足要求的预测结果。

另一方面，如果满足所有以下条件，则认为该知识是丰富的。

（1）所做的假设被认为是非常合理的；

（2）提供的数据是较为可靠的；

（3）专家之间有广泛的共识；

（4）所涉及的现象是众所周知的，已知所使用的模型可以提供符合精度要求的预测结果。

处于这两个情况之间的案例可以认为具有中等知识水平。根据假设的重要程度的判断可以开发出更加复杂的方法（Aven，2013b；Flage 和 Aven，2009）。该想法是对假设定义的条件/状态的潜在偏差进行粗略风险评估。评估的目的是为每个偏差分配一个风险评分，反映与偏差大小及其影响相关的风险。这种“假设偏差风险”的得分提供了假设的重要性测度。根据这些假设得分的总体判断，可以确定知识水平的总体强度。相关的详细信息，请参阅以下示例。

假设的关键性（重要性）评分可以用作指导明确风险评估的侧重点。应该检查具有高重要性得分的假设，以查看它们是否能够以某种方式处理并且从最高重要性类别中去除（如使用全概率公式）。然而，总会有一些因素的概率或其他风险度量不能被无条件地获得，例如，数据和当前现象的理解。

例 7.1 液化天然气工厂的风险评估(Aven,2013b)

回到 1.5.1.1 节中介绍的例子,在某地计划建立一个液化天然气工厂,运营商希望选址在一个距住宅区不超过几百米的地方(Vinnem,2010)。开展几个定量风险评估(QRA)以便证明根据某些预定义的风险接受准则下的风险是可接受的。在 QRA 中,采用计算获得的概率和期望值表示风险。所使用的风险度量包括了个体风险和 f–N 曲线。事实证明,评估和相关的风险管理遭到了强烈的批评。周围住户及许多独立专家发现风险表征不足——他们认为当前所展现的风险基于的是过于狭隘的风险观点。

在这种情况下,风险通过分析风险矩阵,个体风险(IR)值和 f–N 曲线描述。这些曲线表示了发生至少导致 x 个死亡人数的事故的概率,并表示为 x 的函数(Bedford 和 Cooke,2001)。对于这些曲线,增加了一个维度,反映了这些分配所基于的知识强度。个体风险也是如此,其表明评估人员给出的在特定年份内特定的人被杀死的概率。对于 f–N 曲线,需要增加知识储备。

对于这种特殊情况,可以通过评价假设列表并根据上述程序评估这些假设的重要性来评估知识储备。为了计算风险度量,做出了许多假设(Aven,2011a)。

(1) 事件树模型;

(2) 暴露人群的特定数量;

(3) 不同情况下特定的死亡率;

(4) 基于海上碳氢化合物释放的数据库得到的泄漏概率和频率;

(5) 所有容器和管道均被水基系统(监视器、消防栓)保护;

(6) 在码头卸载过程中,过往船只对液化天然气油船的撞击,导致释放的气体被立即点燃(通过碰撞本身产生的火花)。

分配这些假设(和许多其他假设)(不确定性因素)的假设-偏差风险得分,见表 7.2(仅显示这 6 个假设的分数)。首先,Flage 和 Aven (2009)在上述这个示例中采用了这个准则进行评估,然后在可行的情况下采用了更加详细的方法。我们可以看一下这些假设之一,也就是最后一个。

表 7.2 在液化天然气风险评估中所做的 6 个假设的假设-偏差风险得分

高 风 险		×	×			×
中等风险	×					
低风险				×	×	
假设	1	2	3	4	5	6

表 7.2 中假设 6 在所有假设中被赋予了最高的风险评分。一些专家反对这样的假设。其中一个写道:

这个假设的含义是,在研究中没有必要考虑由于风和液化气加热导致气体的任意扩散对于群众可能暴露其中的严重后果。这种非常关键的假设至少需要经过敏感性分析,用以说明假设的变化如何影响结果,以及所讨论假设的鲁棒性。然而,现有的任何研究均未提供这些内容。(*Vinnem*,2010)

与假设6相关的不确定性因素可以描述为:相关情景下气体释放与点燃之间的时长。在假设偏差风险评估中,研究将时长从零增加到1h对结果C的影响,以及具有这样偏差的可能性。该假设所分配的分值很高,因为偏差概率和偏差结果被认为是相当大的。三重分配(偏差大小、发生这种量级的概率、变化对于后果的影响)的知识判断程度是中等的,并且进一步支持了该假设的高风险得分。

由于许多假设给出了相当高的风险/危险程度评分,所以总的结论是分析所对应的知识强度需要被分类为弱或者至多为中等。这种分析和结论对所产生的数值结果是十分必要的。显然,当生成的f-N曲线和个体风险值与预定义的风险接收准则进行比较时,需要特别注意,不必反映对所作假设的强依赖性。

这种风险/关键性评分对如何设置重点从而提高风险评估水平具有指导意义,同时应该检查具有高分的假设,看看它们是否可以以某种方式处理并从最高风险/关键性类别中移除。然而,在实践汇总中,不可能在没有作许多假设下进行定量风险评估。

使用第一部分中引入的一般术语(C',Q,K)并且用D表示偏差,偏差风险可以表示为($\Delta C'$,Q,KD),其中,$\Delta C'$是结果(包括D)的变化,KD是$\Delta C'$和Q依赖的知识。在实际过程中,首先基于D的判断和相关概率P获得相应分数,并且通过考虑知识KD的强度来调整。

背景知识中的不确定性问题由Mosleh和Bier(1996)提出。他们采用主观概率$P(A|Y)$表示一组条件Y下的事件A发生的概率,并且认为就$P(A|Y)$作为Y的函数是不确定的(是个随机变量)而言,“概率不确定性”的概念是有意义的。因此,存在关于随机概率$P(A|Y)$的不确定性。

应当注意的是,概率不是分析人员的未知量(随机变量)。概率$P(A|Y)$是以背景知识K为条件,并且知识K的一些方面可以如Mosleh和Bier(1996)所述的那样与Y相关。分析人员已经决定基于K分配他(她)的概率。如果分析人员发现应该考虑Y的不确定性,他(她)将使用全概率公式修正分配的概率。由此可知,$P(A|Y)$是不确定的,因此这样的观点假设存在真实的概率。评估人员需要阐明什么是不确定的,并且受到不确定性评估和背景知识形成的影响。人们可能认为从K移除所有的Y是可能并且可取的,但是在实际的风险评估中是不可能的。通常需要基于概率的某种类型的背景知识,并且在许多情况下,

这种知识将不可能被特定的值 Y(Aven,2011c)所表示。

在风险评估中假设 $Y=y_0$,上面提到的假设偏差风险是与偏差 $Y—y_0$ 相关的风险。为了评估/描述该风险,可以使用上述粗略的方法,突出显示偏差的幅值,幅值发生的(主观)概率,以及变化对于风险评估中涉及的结果 C 的影响,符合描述风险的标准的三重方法(Kaplan 和 Garrick,1981)。此外,还应对这三重风险评估的背景知识的强度进行总体判断。

第二部分 参考文献

Almond, R. G. (1995) Graphical Belief Models, Chapman & Hall, London.

Anoop, M. B. and Rao, K. B. (2008) Determination of bounds on failure probability in the presence of hybrid uncertainties. Sadhana, 33, 753-765.

Aven, T. (2008a) Risk Analysis: Assessing Uncertainties Beyond Expected Values and Probabilities, John Wiley & Sons, Ltd, Chichester.

Aven, T. (2008b) A semi-quantitative approach to risk analysis, as an alternative to QRAs. Reliability Engineering and System Safety, 93, 768-775.

Aven, T. (2011a) Quantitative Risk Assessment: The Scientific Platform, Cambridge University Press, Cambridge.

Aven, T. (2011b) Selective critique of risk assessments with recommendations for improving methodology and practice. Reliability Engineering and System Safety, 96, 509-514.

Aven, T. (2011c) Interpretations of alternative uncertainty representations in a reliability and risk analysis context. Reliability Engineering and System Safety, 96, 353-360.

Aven, T. (2012a) Foundations of Risk Analysis, 2nd edn, John Wiley & Sons, Ltd, Chichester.

Aven, T. (2013a) How to define and interpret a probability in a risk and safety setting. Safety Science, 51, 223-231. Discussion paper, with general introduction by Associate Editor Genserik Reniers.

Aven, T. (2013b) Practical implications of the new risk perspectives. Reliability Engineering and System Safety, 115, 136-145.

Aven, T. and Zio, E. (2011) Some considerations on the treatment of uncertainties in risk assessment for practical decision-making. Reliability Engineering and System Safety, 96 (1), 64-74.

Baraldi, P. and Zio, E. (2008) A combined Monte Carlo and possibilistic approach to uncertainty propagation in event tree analysis. Risk Analysis, 28, 1309-1326.

Baraldi, P., Pedroni, N., Zio, E. et al. (2011) Monte Carlo and fuzzy interval propagation of hybrid uncertainties on a risk model for the design of a flood protection dike. Proceedings of European Safety and Reliability Conference (ESREL 2011), Troyes, France, 18-22 September, pp. 2167-2175.

Baudrit, C. and Dubois, D. (2006) Practical representations of incomplete probabilistic knowledge. Computational Statistics & Data Analysis, 51 (1), 86-108.

Baudrit, C., Dubois, D., and Guyonnet, D. (2006) Joint propagation and exploitation of probabilistic and possibilistic information in risk assessment. IEEE Transactions on Fuzzy Systems, 14 (5), 593-608.

Bedford, T. and Cooke, RM. (2001) Probabilistic Risk Analysis: Foundations and Methods, Cambridge University Press, Cambridge.

Bernardo, J. M. and Smith, A. F. M. (1994) Bayesian Theory, John Wiley & Sons, Ltd, Chichester.

Boole, G. (1854) An Investigation of the Laws of Thought on Which are Founded the Mathematical Theories of Logic and Probabilities, Walton and Maberly, London, http://www. gutenberg. org/ etext/15114.

Carnap, R. (1922) Der logische Aufbau der Welt, Berlin.

Carnap, R. (1929) Abriss der Logistik, Wien.

Cheney, E. W. (1966) Introduction to Approximation Theory, McGraw-Hill, New York.

Cooke, R. M. (1986) Conceptual fallacies in subjective probability. Topoi, 5, 21-27.

Cooke, R. M. (2004) The anatomy of the squizzel: the role of operational definitions in representing uncertainty. Reliability Engineering and System Safety, 85, 313-319.

Coolen, F. P. A. (2004) On the use of imprecise probabilities in reliability. Quality and Reliability Engineering International, 20, 193-202.

Coolen, F. P. A. and Utkin, L. V. (2007) Imprecise probability: a concise overview, in Risk, Reliability and Societal Safety: Proceedings of the European Safety and Reliability.

Conference (ESREL), Stavanger, Norway, 25-27 June 2007 (eds. T. Aven and J. E. Vinnem), Taylor & Francis, London, pp. 1959-1965.

Coolen, F. P. A., Troffaes, M. C. M., and Augustin, T. (2010) Imprecise probability, in International Encyclopedia of Statistical Science, Springer Verlag, Berlin.

Couso, I., Moral, S., and Walley, P. (1999) Examples of independence for imprecise probabilities. Proceedings of the 1st International Symposium on Imprecise Probabilities and Their Applications (ISIPTA 1999), University of Ghent, Belgium (eds. G. De Cooman, F. G. Cozman, S. Moral, and P. Walley), pp. 121-130.

Cullen, A. C. and Frey, H. C. (1999) Probabilistic Techniques in Exposure Assessment: A Handbook for Dealing with Variability and Uncertainty in Models and Inputs, Plenum Press, New York.

Cowell, R. G., Dawid, A. P., Lauritzen, S. L., and Spiegelhalter, D. J. (1999) Probabilistic Networks and Expert Systems, Springer Verlag, New York.

de Finetti, B. (1930) Fondamenti logici del ragionamento probabilistico. Bollettino dell'Unione Matematica Italiana, 5, 1-3.

de Finetti, B. (1974) Theory of Probability, John Wiley & Sons, Inc., New York.

de Laplace, P. S. (1812) Théorie analytique des probabilités, Courcier Imprimeur, Paris.

Démotier, S., Schön, W., and Denoeux, T. (2006) Risk assessment based on weak information using belief functions: a case study in water treatment. IEEE Transactions on Systems, Man, and Cybernetics, 36, 382-396.

Dempster, A. P. (1967) Upper and lower probabilities induced by a multivalued mapping. Annals of Mathematical Statistics, 38, 325-339.

Dempster, A. P. and Kong, A. (1988) Uncertain evidence and artificial analysis. Journal of Statistical Planning and Inference, 20 (3), 355-368.

Dubois, D. (2006) Possibility theory and statistical reasoning. Computational Statistics & Data Analysis, 51, 47-69.

Dubois, D. (2010) Representation, propagation and decision issues in risk analysis under incomplete probabilistic information. Risk Analysis, 30, 361-368.

Dubois, D. andPrade, H. (1988) Possibility Theory, Plenum Press, New York.

Dubois, D. andPrade, H. (2007) Possibility theory. Scholarpedia, 2 (10), 2074.

Dubois, D., Nguyen, H. T., andPrade, H. (2000) Fuzzy sets and probability: misunderstandings, bridges and gaps, in Fundamentals of Fuzzy Sets (eds. D. Dubois and H. Prade), Kluwer Academic, Boston, MA, pp. 343-438.

Dubucs, J. -P. (1993) Philosophy of Probability, Kluwer Academic, Dordrecht.

Ferson, S. and Ginzburg, L. R. (1996) Different methods are needed to propagate ignorance and variability. Reliability Engineering and System Safety, 54, 133-144.

Flage, R. (2010) Contributions to the treatment of uncertainty in risk assessment and management. PhD thesis

No. 100. University of Stavanger.

Flage, R. and Aven, T. (2009) Expressing and communicating uncertainty in relation to quantitative risk analysis (QRA). Reliability & Risk Analysis: Theory & Applications, 2 (13), 9-18.

Flage, R., Baraldi, P., Ameruso, F. et al. (2009) Handling epistemic uncertainties in fault tree analysis by probabilistic and possibilistic approaches. European Safety and Reliability Conference (ESREL 2009), Prague, Czech Republic, 7-10 September 2009, pp. 1761-1768.

Flage, R., Baraldi, P., Aven, T., and Zio, E. (2013) Probabilistic and possibilistic treatment of epistemic uncertainties in fault tree analysis. Risk Analysis, 33 (1), 121-133.

Flage, R., Aven, T., Zio, E., and Baraldi, P. (submitted) Concerns, challenges and directions of development for the issue of representing uncertainty in risk assessment. Risk Analysis.

Franklin, J. (2001) Resurrecting logical probability. Erkenntnis, 55 (2), 277-305.

Gaines, B. R. andKohout, L. (1975) Possible automata. Proceedings of the International Symposium on Multiple-Valued Logics, Bloomington, IN, USA, pp. 183-196.

Gillies, D. (2000) Philosophical Theories of Probability, Routledge, London.

Hajek, A. (2001) Probability, logic and probability logic, in The Blackwell Companion to Logic (ed. Lou Goble), pp. 362-384.

Helton, J. C., Johnson, J. D., and Oberkampf, W. L. (2004) An exploration of alternative approaches to the representation of uncertainty in model predictions. Reliability Engineering and System Safety, 85 (2), 39-71.

Kaplan, S. and Garrick, B. J. (1981) On the quantitative definition of risk. Risk Analysis, 1 (1), 11-27.

Keynes, J. (1921) Treatise on Probability, London.

Kiureghian, D., Lin, H. Z., and Hwang, S. J. (1987) Second-order reliability approximations. Journal of Engineering Mechanics, 113 (8), 1208-1225.

Klir, G. J. (1998) Uncertainty-Based Information: Elements of Generalized Information Theory, Springer Verlag, Heidelberg.

Kolmogorov, A. N. (1933) Grundbegriffe der Wahrscheinlichkeitrechnung, Ergebnisse Der Mathematik, trans. as Foundations of Probability, Chelsea, New York, 1950.

Kozine, I. and Utkin, L. (2002) Processing unreliable judgements with an imprecise hierarchical model. Risk Decision and Policy, 7, 1-15.

Kuznetsov, V. P. (1991) Interval Statistical Models (in Russian), Radio i Svyaz, Moscow.

Li, Y. and Zio, E. (2012) Uncertainty analysis of the adequacy assessment model of a distributed generation system. Renewable Energy, 41, 235-244.

Limbourg, P. and de Rocquigny, E. (2010) Uncertainty analysis using evidence theory - confronting level-1 and level-2 approaches with data availability and computational constraints. Reliability Engineering and System Safety, 95 (5), 550-564.

Lindley, D. V. (1985) Making Decisions, 2ndedn, John Wiley & Sons, Ltd, London.

Lindley, D. V. (2000) The philosophy of statistics. The Statistician, 49 (3), 293-337.

Lindley, D. V. (2006) Understanding Uncertainty, John Wiley & Sons, Inc., Hoboken, NJ.

Montgomery, V. (2009) New statistical methods in risk assessment by probability bounds. PhD thesis. Durham University.

Morgan, M. G. and Henrion, M. (1990) Uncertainty: A Guide to Dealing with Uncertainty in Quantitative Risk and Policy Analysis, Cambridge University Press, Cambridge.

Mosleh, A. and Bier, V. (1996) Uncertainty about probability: a reconciliation with the subjectivist viewpoint. IEEE Transactions on Systems, Man, and Cybernetics. Part A - Systems and Humans, 26 (3), 303-310.

North, D. W. (2010) Probability theory and consistent reasoning. Risk Analysis, 30 (3), 377-380.

Nuclear Regulatory Commission (NRC) (2009) NUREG-1855 - Guidance on the Treatment of Uncertainties Associated with PRAs in Risk-Informed Decision Making. Main Report. Vol. 1.

O'Hagan, A. and Oakley, J. E. (2004) Probability is perfect, but we can't elicit it perfectly. Reliability Engineering and System Safety, 85, 239-248.

Pedroni, N. and Zio, E. (2012) Empirical comparison of methods for the hierarchical propagation of hybrid uncertainty in risk assessment, in presence of dependences. International Journal of Uncertainty, Fuzziness and Knowledge-Based Systems, 20 (4), 509-557.

Pedroni, N., Zio, E., Ferrario, E. et al. (2013) Hierarchical propagation of probabilistic and nonprobabilistic uncertainty in the parameters of a risk model. Computers & Structures, in press.

Ramsey, F. (1931) Truth and probability, in Foundations of Mathematics and Other Logical Essays, London, Routledge & Kegan Paul.

Scheerlinck, K., Vernieuwe, H., and De Baets, B. (2012) Zadeh's extension principle for continuous functions of non-interactive variables: a parallel optimization approach. IEEE Transactions on Fuzzy Systems, 20 (1), 96-108.

Shafer, G. A. (1976) Mathematical Theory of Evidence, Princeton University Press, Princeton, NJ.

Shafer, G. A. (1990) Perspectives on the theory and practice of belief functions. International Journal of Approximate Reasoning, 4, 323-362.

Singpurwalla, N. D. (2006) Reliability and Risk: A Bayesian Perspective, John Wiley & Sons, Ltd, Chichester.

Singpurwalla, N. D. and Wilson, A. G. (2008) Probability, chance and the probability of chance. IIE Transactions, 41, 12-22.

Smets, P. (1994) What is Dempster-Shafer's model? in Advances in the Dempster-Shafer Theory of Evidence (eds. R. R. Yager, M. Fedrizzi, and J. Kacprzyk), John Wiley & Sons, Inc., San Mateo, CA, pp. 5-34.

Springer, M. D. (1979) The Algebra of Random Variables, John Wiley & Sons, Inc., New York. Stanford Encyclopedia of Philosophy (SEP) (2009) Interpretations of probability, http://plato.stanford.edu/entries/probability-interpret/ (accessed May 22, 2011).

Su, Z. G., Wang, P. G., Yu, X. J., andLv, Z. Z. (2011) Maximal confidence intervals of the interval-valued belief structure and applications. Information Sciences, 181 (9), 1700-1721. van Lambalgen, M. (1990) The axiomatisation of randomness. Journal of Symbolic Logic, 55 (3), 1143-1167.

Vinnem, J. E. (2010) Risk analysis and risk acceptance criteria in the planning processes of hazardous facilities-a case of an LNG plant in an urban area. Reliability Engineering and System Safety, 95 (6), 662-670.

Walley, P. (1991) Statistical Reasoning with Imprecise Probabilities, Chapman & Hall, London.

Weichselberger, K. (2000) The theory of interval-probability as a unifying concept for uncertainty. International Journal of Approximate Reasoning, 24, 149-170.

Yager, R. R. (2011) On the fusion of imprecise uncertainty measures using belief structures. Information Sciences, 181, 3199-3209.

Xiong, F., Greene, S., Chen, W., Xiong, Y., and Yang, S. (2010) A new sparse grid based method for uncertainty propagation. Structural and Multidisciplinary Optimization, 41 (3), 335-349.

Zadeh, L. A. (1975) The concept of a linguistic variable and its application to approximate reasoning. Information Science, 8, 199-249.

Zadeh, L. A. (1978) Fuzzy sets as a basis for a theory of possibility. Fuzzy Sets and Systems, 1, 3-28.

Zio, E. (2007) An Introduction to the Basics of Reliability and Risk Analysis, World Scientific, Hackensack, NJ.

Zio, E. (2013) The Monte Carlo Simulation Method for System Reliability and Risk Analysis, Springer Series in Reliability Engineering, Springer Verlag, Berlin.

第三部分　实际应用

本部分展现了第二部分中介绍的风险评估中不确定性表征和不确定性传播方法的实际应用。应用范围从单个组件的可靠性、可用性与维修性(RAM)分析到考虑不良事件的发生及其后果的频率概率不确定性表征的系统风险评估。

第8章和第9章分别展示了关于结构可靠性量化的应用与一个维护工业项目可用性的应用。第10章对一个复杂多组分工程系统进行了事件树分析。第11章展示了对一个工业系统运行过程中不良事件的后果分析。第12章考虑了一个冶炼厂的概率风险评估。

所有这些展现出的应用都涉及在一个或多个不确定量缺乏相应知识的情况下的评估。在第8~11章的应用中,首先评估基于一种不确定性表征和不确定性传播的非概率方法;然后,将所得到的结果转化为可能性分布,以便与不确定性传播处理的纯概率结果进行对比。第12章中的应用使用了一个完全贝叶斯表征和传播不确定性。

表Ⅲ.1给出了这些应用及不同示例中不确定性表征和不确定性传播方法。

表Ⅲ.1　第三部分的结构

章	应　用	不确定性表征		不确定性传播	
		类型	方法	类型	方法
8	结构可靠性分析	认知和随机	频率概率和可能性分布	1层	混合概率—可能性
9	维护性能评估	认知和随机	频率概率和证据理论	2层	混合概率—证据理论
10	事件树分析	认知和随机	频率概率和可能性分布	2层	混合概率—可能性
11	后果评价	认知和随机	频率概率和可能性分布	1层	混合概率—可能性
12	概率风险评估	认知和随机	贝叶斯表示	2层	概率(贝叶斯表示)

第8章　结构可靠性分析中不确定性的表征和传播

在本章中,考虑易受疲劳裂纹影响的结构可靠性量化的不确定性表征和不确定性传播,该应用部分来自于文献 Baraldi,Popescu 和 Zio (2010b)。

8.1　结构可靠性分析

结构可靠性是一个重要的问题,它需要在结构生命周期的每一个阶段包括设计、制造、安装、运行、维修、拆除等阶段都给予应有的重视。因此,一些数学模型相继建立以描述结构物理状态的演化。特别地,退化模型主要用于预测老龄化结构在未来的退化演化。这些模型必须描述结构物理状态在不断变化的环境下(载荷、材料特性等)的随机变化,同时还需要适当考虑所引入模型参数的认知不确定性。在这一背景下,结构可靠性分析需要表示并传播这些不确定性以评估结构失效概率,通常指结构的物理状态超过某个定义为故障判据的特定水平的概率(Ardillon,2010)。

8.1.1　循环疲劳下裂纹扩展的模型

循环疲劳下的裂纹扩展是一个结构退化过程,它出现在各种材料中且涉及不同的差异巨大的工程应用。在本节,我们考虑核电站(NPP)系统的受压元件(Jeong 等,2005)。它们易受到裂纹扩展的影响,且裂纹最初是由允许的功率变化或偶发瞬变所导致的循环载荷下的制造缺陷所引发的。裂纹一旦形成,退化过程将有可能在压力工作条件下扩展,直到威胁到结构的完整性(Mustapa 和 Tamin,2004)。其他会遇到这种退化过程的材料有用于汽车涡轮增压器车轮和发动机气门的氮化硅陶瓷,与用于人工心脏装置的热解碳(Ritchie,1999)。

我们使用了常用的 Paris-Erdogan 模型描述易受循环疲劳的结构裂纹的演化过程。设 h 表示裂纹深度,L 表示载荷循环次数(Pulkkinen,1991)。那么,下式描述了裂纹深度随着载荷循环次数变化的演化过程:

$$\frac{\mathrm{d}h}{\mathrm{d}L}=C\ (\Delta K)^{\eta} \tag{8.1}$$

式中:C,η 为与材料特性有关的常量(Kozin 和 Bogdanoff,1989;Provan,1987),可以从实验数据中估算得到(Bigerelle 和 Iost,1999);ΔK 为应力强度因子幅度,大致与 h 的平方根成正比(Provan,1987),即

$$\Delta K=\beta\sqrt{h} \tag{8.2}$$

式中:β 为一个可能由实验数据决定的常量。

根据 Provan (1987),这一过程的内在随机性可以通过对式(8.1)做如下修正而引入模型中:

$$\frac{\mathrm{d}h}{\mathrm{d}L}=\mathrm{e}^{\omega}C\ (\beta\sqrt{h})^{\eta} \tag{8.3}$$

式中:ω 为一个服从均值为 0、标准差为 σ_{ω} 的正态分布的随机变量,即 $\omega\sim N(0,\sigma_{\omega}^2)$。

对于足够小的 ΔL,这一模型可以离散化为(Pulkkinen,1991)

$$h_k=h_{k-1}+\mathrm{e}^{\omega_k}C\ (\Delta K)^{\eta}\Delta L \tag{8.4}$$

式(8.4)表示一个含有独立的非平稳退化增量的非线性马尔可夫过程。

8.2 示例研究

下面,考虑易受疲劳影响导致裂纹扩展的结构的可靠性评估问题。采用式(8.3)中的模型描述裂纹深度的演化并假设每个时间步进行一次载荷循环。

按照设计要求,结构需要在一个特定的称为任务时间 T_{miss} 的时间窗口内完成其功能。如果其退化值超过某一阈值 $H_{\max}$,则视作失效。假设退化阈值 $H_{\max}$ 会受到认知不确定性的影响,而认知不确定性是由对故障机理的有限信息造成的。但是有专家指出 $H_{\max}$ 的取值范围在[9,11]之间,且其最有可能的取值是 10(任意单位)。

可靠性估计是基于一个假设,即在当前时刻 t_{p} 可以得到退化水平的准确度量,这里是裂纹深度 $h(t_{\text{p}})$。下面的结果对应初始条件 $h(0)=1$。

表 8.1 给出了在本节应用中考虑的退化过程所定义的参数的取值。

表 8.1　案例研究中参数的数值

参　数	数　值
ω_k	一个服从分布 $N(0,1.7)$ 的随机变量
C	0.005

(续)

参　数	数　值
β	1
η	1.3
T_{miss}	500 单位时间
H_{max}	一个取值范围在[9,11]之间的不确定量,最有可能的取值是 10

我们引入一个不确定布尔变量 X_S表示结构在任务时间内的状态:0 表示故障,1 表示正常(Baraldi,Popescu 和 Zio,2010b)。变量 X_S取决于在任务时间的裂纹深度 $h(T_{miss})$,其易受到随机不确定性影响。故障阈值 H_{max}则易受到认知不确定性的影响。因此,X_S是 h 和 H_{max}的函数 g,即

$$X_S=g(h(T_{miss}),H_{max})=\begin{cases}1 & (h(T_{miss})<H_{max})\\0 & (其他)\end{cases} \tag{8.5}$$

假设结构不能维修,那么我们的目标是考虑结构的可靠性来评估不确定性。我们用频率概率 $P_f(X_S=1)$表示结构在任务时间前不发生故障的概率。

应用 8.1(简介)

输入不确定量:

- 在任务时间的结构的裂纹深度(取决于退化过程本质上的随机演化) $h(T_{miss})$
- 故障阈值 H_{max}

输出量:

- 在任务时间的结构的状态 X_S(1 表示正常,0 表示故障)

模型:

$$X_S=g(h(T_{miss}),H_{max})=\begin{cases}1 & (h(T_{miss})<H_{max})\\0 & (其他)\end{cases}$$

这个评估用于结构可靠性的计算,即 $P_f(X_S=1)$。

输入值的不确定性类型:

- $h(T_{miss})$的随机不确定性;
- H_{max}的认知不确定性。

不确定性传播设置:

- 1 层(随机量 $h(T_{miss})$不受到任何认知不确定性的影响)

8.3　不确定性的表征

为了表示与阈值 H_{max}有关的认知不确定性,使用一个可能性分布。根据现

有信息，当在区间[9,11]以外时 $\pi(H_{max})=0$，因为专家认为阈值不会取该区间之外的值；而 $\pi(10)=1$，因为专家认为 H_{max} 的最可能取值是10。

在可用于表示 H_{max} 的可用不确定信息的可能性分布中，根据3.2.2节中给出的结果选择了如图8.1(a)所示的三角形可能性分布 π（带有圆圈的线）。图8.1(b)所示为必然性测度和可能性测度在区间 $(-\infty,x]$ 内的形式，其中 $9\leqslant x\leqslant 11$，根据4.1节这两个值可以理解为对阈值 H_{max} 做累积分布所取的上/下界。实际上，根据这一理解，由三角形可能性分布 π 可以导出范围[9,11]内众数为10的概率分布族。下面选取该族无穷个概率分布中的一些作为例子（图8.1）。

（1）范围在[9,11]的均匀分布；

（2）范围在[9,11]众数为10的三角形分布，在本例中与可能性分布完全

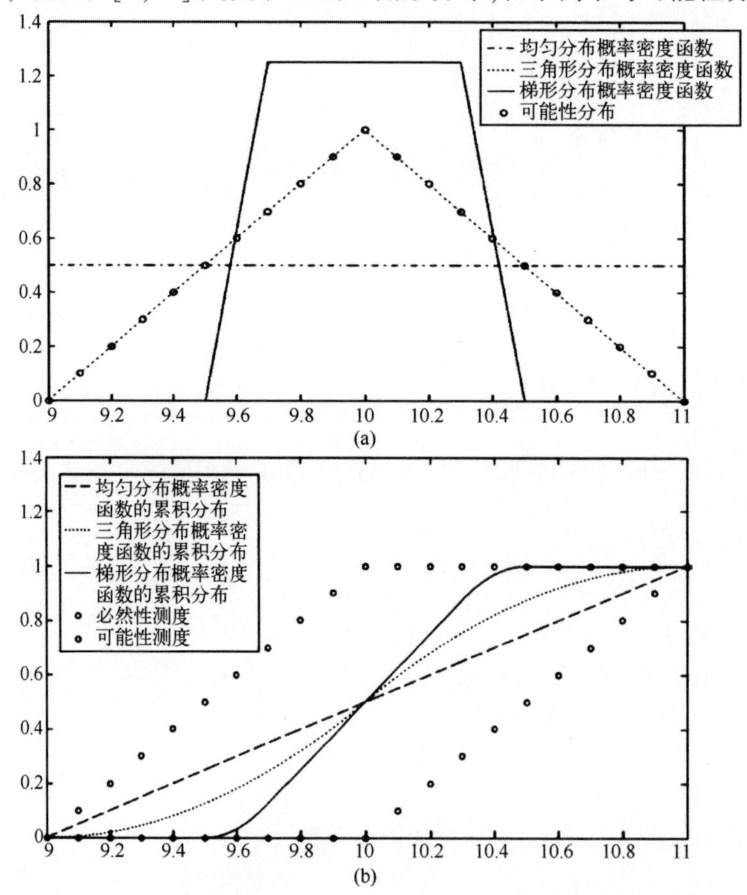

图8.1 (a) 带有圆圈的线：表示 H_{max} 的不确定性的可能性分布；实线：由可能性分布表示的3个概率密度函数的例子以及(b) 带有圆圈的线：对应(a)中可能性分布的区间 $(-\infty,x]$ 的必然性测度和可能性测度；实线：对应(a)中概率分布的累积分布

重合；

(3) 范围在[9.5,10.5]上下众数在[9.7,10.3]的梯形分布。

8.4 不确定性的传播

用 6.1.3 节中描述和说明的混合概率—可能性方法传播不确定性——从输入值在任务时间的裂纹深度 $h(T_{miss})$ 和故障阈值 H_{max} 到任务时间的结构状态 X_S。该方法为在任务时间的结构的两个可能状态 $X_S=1$(正常)与 $X_S=0$(故障)提供了信度和似然度测度。

该方法的应用需要对裂纹深度的可能的随机演化路径进行蒙特卡罗仿真(Baraldi, Zio 和 Popescu, 2008)。图 8.2 所示为对退化过程进行蒙特卡罗仿真实现的 4 个例子。根据式(8.4),两个连续的时刻之间的裂纹深度的变化量将随着时间增加和裂纹深度的增长而变大。并且,描述该过程随机性由项 e^{ω}($\omega \sim N(0,\sigma_{\omega}^2)$)乘以一个量且该量正比于当前时刻 t 下的裂纹深度 $h(t)$,所以当裂纹深度较小时,裂纹扩展的轨迹在仿真开始时是相似的;当裂纹深度较大时,轨迹的演化将会产生显著差异。

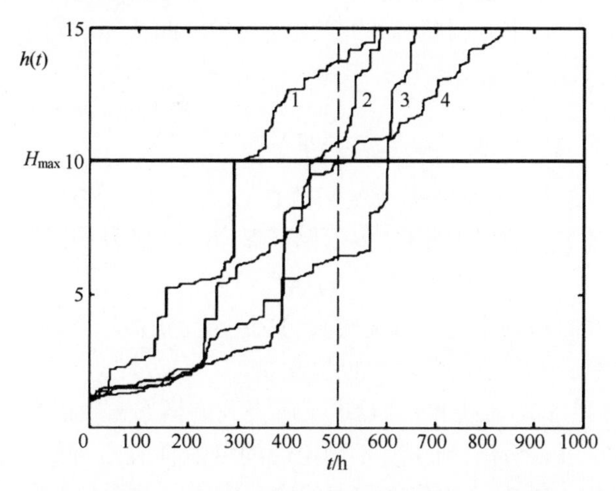

图 8.2　退化演化的 4 个不同实例(水平的实线表示故障阈值 $H_{max}=10$;垂直的虚线表示结构的任务时间(来自文献 Baraldi, Zio 和 Popescu, 2008)

值得注意的是,这一不确定性传播方法并不是对不确定性(变化)的解析传播,而是为输出量提供了其不确定性(变化)的估计。该估计会受到误差的影响,而误差由对随机量的蒙特卡罗抽样的次数 M 和所使用的可能性分布的 α-截集的数量决定。在本应用中,将裂纹扩展的随机路径数设置为 $M=10^4$,并对

H_{max}考虑 21 个 α—截集。这一设置是对估计准确度和计算量之间进行权衡的结果——M 和 α—截集的值越大则输出的不确定性分布估计越准确,但是计算量也会随着 M 和 α—截集的增加线性增长。

8.5 结 果

从式(8.3)的关于不确定性传播的模型可以得到 Bel(正常)= 0.896 和 Pl(正常)= 0.927。这一结果综合了由随机退化过程的不同实例表示的随机不确定性和由 H_{max}的可能性分布表示的认知不确定性。与将信度和似然度测度作为概率上下界的解释相一致,从评估中发现不可修的结构经历退化过程到任务时间依然不发生故障的区间概率为[0.896,0.927]。可用的信息无法为该概率提供更精确的赋值。因此,决策者需要根据这一非精确信息做决策。

8.6 与纯概率方法的比较

为了应用纯概率方法,使用附录 B 中的变换从上面章节中提到的三角形可能性分布(图 8.1(a)带有圆圈的线)导出描述 H_{max}的认知不确定性的(主观)概率分布,得到的概率密度函数为

$$f(H_{max})=-\frac{1}{2}\log(1-\pi(H_{max})) \tag{8.6}$$

与预期一致的是,上述概率密度函数在 $H_{max}=10$ 时得到最大值,对应于可能性分布为 1 时 H_{max}的值。并且,根据偏好保留原则可以得到下式。

$$\pi(x)>\pi(\underline{x})\Leftrightarrow f(x)>f(\underline{x}) \tag{8.7}$$

当 $H_{max}=10$ 时概率密度函数无穷大,这是因为 $\pi(H_{max})$ 的 1α-截集长度为 0,这在附录 B 的式(B.1)的分母中也提到过。

图 8.3(a)和(b)(实线)分别给出了所得到的概率密度函数和累积分布。

从图 8.3 中可以看出,对 H_{max}不确定性的可能性表示可以让我们考虑到所有可能的在集合 $A=[0,u)$ 的信度和似然度测度之间的累积分布,而概率表示则令我们只能考虑一个特定的累积分布,并将其从最大熵(由于可能性—概率转化)的角度保守地视为一个包含了足够多不确定性的选择。从这个意义上说,概率密度函数往往将强行将信息转化为某种表示。

根据 5.2.1 节提到的双层循环方法进行不确定性的传播,该方法通过将认知不确定性放在外循环、随机不确定性放在内循环而将两者分开。每个时刻外循环重复并从 H_{max}的概率分布(图 8.3)中抽样,从而得到系统可靠性的估计。

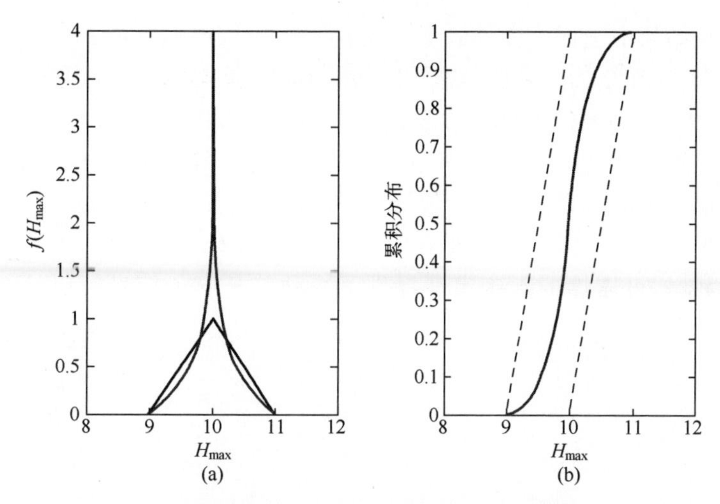

图 8.3　(a) H_{max} 的可能性分布(虚线)及其概率变换(实线)以及(b) 相应的区间($-\infty$, x]的必然性和可能性测度(虚线)及考虑纯概率方法的 H_{max} 的累积分布(实线)(Baraldi, Zio 和 Popescu, 2008)

因此,通过对 $M_e = 10^3$ 个 H_{max} 的值中的每一个进行 $M_a = 10^4$ 次退化过程仿真,可以得到 10^3 个结构可靠性的值。根据这些值可以建立结构可靠性的累积分布(图 8.4)。M_a 和 M_e 的取值是为了使计算量与混合概率—可能性框架下的类似。

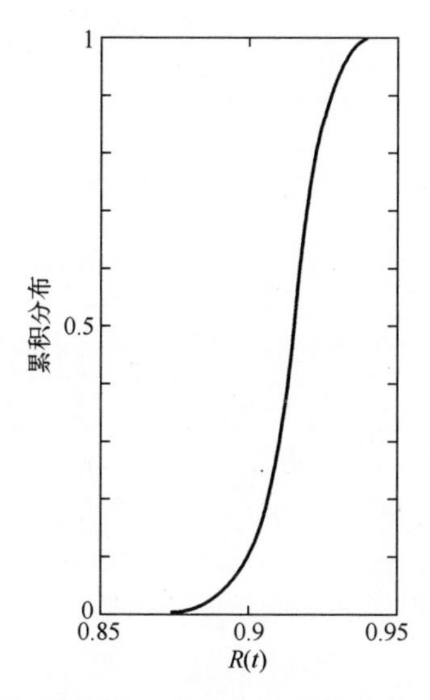

图 8.4　通过纯概率方法得到的结构可靠性的累积分布(Baraldi, Zio 和 Popescu, 2008)

可以从结果中选择一个可信度$(1-\beta)$并通过百分位数$(\beta/2)$和$(1-\beta/2)$给出可信区间,这样结构可靠性落在该区间的主观概率是$(1-\beta)$。例如,若可信度$(1-\beta)=0.95$,那么结构可靠性的可信区间就是[0.889,0.935]。

对于结构可靠性的值,概率和混合方法的应用会得到相似的结果。对概率方法得到的结果的解释需要与参数认知不确定性直接相关的可信度;而混合概率—可能性方法却可以在不需要可信度定义的情况下提供极限累积分布的信息,这就为结构可靠性的不确定性提供了一种基于更少信息的更具综合性的表示。

第9章　维修性能评估中不确定性的表征和传播

本章将讨论维修性能评估中不确定性的表征和传播的问题，这里的应用实例部分基于 Baraldi，Compare 和 Zio（2012）；Baraldi，Compare 和 Zio（2013a）。

9.1　维修性能评估

在过去的几十年里，产业部门之间的维修相关性对生产力以及安全产生了更大的影响。例如，维修费用在非化石能源生产厂（核能、太阳能、风能等）的总生产费用中占有很大比重，并且维修的优化是生产厂之间经济竞争的基础（Zio 和 Compare，2013）。

总体来说，有效维修计划的目标是使用既能保证安全又能遵守相关监管要求的方式（Zio，2009）将产品以及设备利用率最优化。为了达到这一目标，许多维修建模、优化以及管理的方法在文献中已经有所提及。通常，这些方法主要被分为两大类型：修复性维修以及定期维修。

在修复性维修理论中，产品部件一直运行直到该部件失效；然后，执行修理或修复行为。这是最古老的维修方式，并且目前在一些行业里仍然使用，特别是那些非安全关键和对工厂生产性能无关紧要的设备，并且设备的备件通常是现成的而且不十分昂贵（Zio 和 Compare，2011）。

在某些策略下，可以按计划进行维护，可以事先确定（定期维修）或基于设备退化状态信息（基于条件的维修）进行维修。图 9.1 所示为维修干预方法。

实际上，一个适宜的维修计划的制定需要以下几点（Zio，2009）。

（1）影响系统行为和维修的系统不同组件之间的动态交互表示（如 Petri 网或贝叶斯置信网络（Zille 等人，2007））。

（2）相关过程的可靠性，维修，生产和经济模型的适当建模（如 Petri 网、马尔可夫链和蒙特卡罗仿真（Châtelet，Berenguer 和 Jellouli，2002））。

（3）一种用于搜索潜在最佳维修策略的高效工具（例如：越来越多的进化

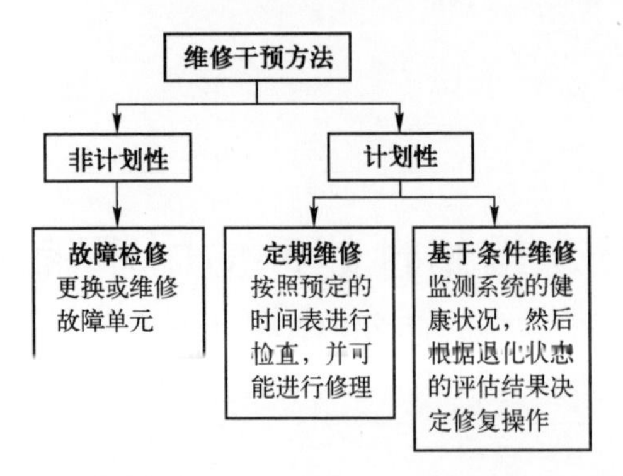

图 9.1 维修干预方法(Baraldi,Zio 和 Popescu,2008).

算法如遗传算法(Marseguerra 和 Zio, 2000a, 2000b; Marseguerra, Zio 和 Martorell,2006))。

(4) 一个可用于评估的稳固的决策理论结构(Saferelnet,2006)。

本章中,主要关注问题(2)和问题(3),并且考虑到这样的事实,即为了这个目的所开发的模型的参数通常在实际应用中往往鲜为人知,这主要是由于缺乏在操作过程或设计合理的测试过程中所收集的实时/现场数据。在这些情况下,用于估计这些参数的信息主要来源于专家判断。

9.2 示例分析

我们考虑核电厂的涡轮泵润滑系统的止回阀的维修计划制定(Zille 等,2009)。该部件有一个主要的退化机理(疲劳),以及唯一的故障模式(破裂)。退化过程模型是一个离散状态,时间连续的随机过程,其在以下 3 种退化等级下发展演变(图 9.2)。

(1)“优”:在这种状态下,部件是全新的或几乎是全新的(维修人员检测出没有裂纹);

(2)“中”:如果组件是在这个退化状态,那么最好进行更换;

(3)“劣”:在这种退化状态的部件在几个小时的工作时间内很可能会出现故障。

此外,部件从每一个退化状态可能由于冲击事件的发生转变为故障状态。工业的实践经验驱使我们选择通过少量状态划分退化过程;专家通常根据故障症状的定性解释对退化状态进行定性离散划分。

为了表示该退化过程模型,需要引入下面 5 个随机变量。

(1) 退化水平由“优”到“中”的转移时间 X_1;

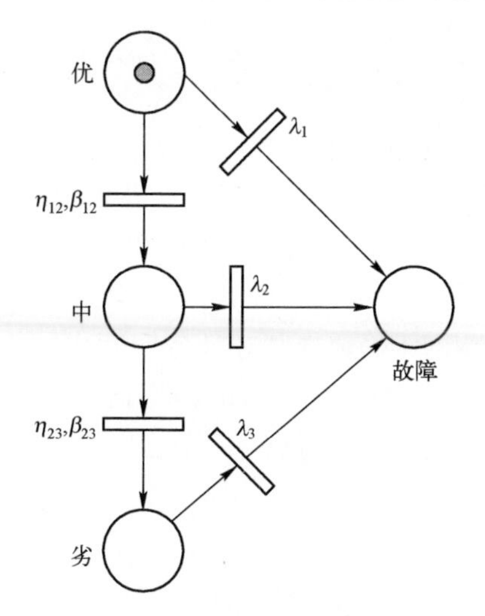

图9.2 基于Petri网描述的退化模型

(2) 退化水平由“中”到“劣”的转移时间 X_2;

(3) 退化水平由“优”到故障的转移时间 X_3;

(4) 退化水平由“中”到故障的转移时间 X_4;

(5) 退化水平由“劣”到故障的转移时间 X_5。

对组件应用基于条件的维护(CBM)方法,即工厂操作人员按照预定的时间表对组件进行周期性的检查,如果在检查过程中发现了其处在“中”或“劣”的退化水平,则将其替换。组件发生故障后也将进行替换。由于数据的保密性,假设以下任意单位下的用于不同的维修任务的维修持续时间和成本。

(1) 检查。这些操作的目的在于检测组件的退化水平。假设根据预定义的时间表定期执行的检查持续5h,并且相关费用为50欧元。

(2) 检查后替换。只有在检查期间发现该组件处于退化状态“中”或“劣”时,才执行这些操作,并且操作包括对退化组件的预防性更换。假设替换时间持续25h,费用为500欧元。更换后,组件将恢复到退化水平“优”。

(3) 故障后替换。纠正措施在组件故障后执行,包括更换故障组件。其持续时间假设为100h,费用为3500欧元。故障后更换所需的时间要长于检查后进行的预防性更换所需的时间,这是因为考虑故障发生和更换动作开始之间的时间以及修理由于组件故障所导致的其他损坏的设备部件所需的额外时间。类似地,故障后的替换成本也高于检查后的替换成本。

在这种方法中,需要维修计划人员决定的维修策略的唯一量是两次相邻计划的检查之间的时间间隔,称为检验间隔Ⅱ。维修计划人员希望找到考虑自身业绩目标(如安全性,成本降低和可行性)的检验间隔Ⅱ的最佳值。本节假设计划者对以下维修性能指标感兴趣:维修成本和任务时间内组件的停机时间。在这个背景下,必须考虑这两种不同类型的不确定性来评估维修性能指标:

(1) 退化以及失效过程的随机性;

(2) 转移和故障时间的概率分布参数的认知不确定性。

实际上,我们考虑一个模型,其输入量是转移时间和故障时间,其输出量是维修成本和任务时间内的停机时间。注意,维修计划者对这两个不确定数量的期望值感兴趣,称为期望的维修成本和在任务时间内的平均不可用度。由于输入量的结果受到具有认知不确定性参数的频率概率所描述的随机不确定性的影响,因此不确定性传播为 2 层设置(6.2 节)。

应用 9.1(简单描述)

不确定输入量:

- 退化水平由“优”到“中”的转移时间 X_1。
- 退化水平由“中”到“劣”的转移时间 X_2。
- 退化水平由“优”到故障的转移时间 X_3。
- 退化水平由“中”到故障的转移时间 X_4。
- 退化水平由“劣”到故障的转移时间 X_5。
- 参数 Θ_{11},Θ_{21}所表示的描述 X_1 不确定性的概率分布。
- 参数 Θ_{12},Θ_{22}所表示的描述 X_2 不确定性的概率分布。
- 参数 Θ_{13}所表示的描述 X_3 不确定性的概率分布。
- 参数 Θ_{14}所表示的描述 X_4 不确定性的概率分布。

输出量:

- 该组件在任务时间中不可用时间的比例 U。
- 维修费用 C。

决策者通常对这两个不确定量的期望值感兴趣,其通常称为在任务时间中平均不可用度 EU 和期望维修成本 EC。

输入量的不确定性类型:

- 随机不确定性变量 X_1,X_2,X_3,X_4,X_5。
- 认知不确定性变量 Θ_{11},Θ_{21},Θ_{12},Θ_{22},Θ_{13},Θ_{14}。

不确定传播设置:

- 2 层设置。

9.3 不确定性的表征

模型输入量即转移和故障时间 X_1, …,X_5 的不确定性表示需要选择概率分布类型并设置其参数。

在退化建模的背景下,威布尔分布通常用于断裂力学,特别是在最弱连接假设下(Remy 等,2010)来表示退化状态之间的转移时间。因此,对于从状态 i 到状态 j($i=\{1,2\}$ 和 $j=i+1$)的转移,转移时间分别表示为由不确定尺度参数 η_{ij} 和形状参数 β_{ij} 表征的威布尔分布。

关于故障时间 X_3,X_4,X_5,它们的不确定性由具有恒定故障率 λ_j($j=1,2,3$)的指数分布表示。使用恒定故障率的选择是由工业实践决定的:专家熟悉此设置,并善于提供有关故障率值的信息。在图 9.2 中,用来刻画组件在 4 个状态之间转移过程的分布中的所有参数都不是清晰的,他们由专家团队评估得出(并非精确)。注意,关于威布尔分布参数的估计,尺度参数表示约 65%的部件都经历了转换所达到的时间,形状参数表示威布尔概率图的斜率。综上所述,不确定性情况如下:有 5 个随机不确定变量,它们定义了表 9.1 给出的 5 个转移时间。与变量相关的分布是已知的,并且取决于包含 7 个认知不确定性变量的一组参数,它们是 2 个威布尔分布的形状参数和尺度参数以及与 3 个退化水平有关的故障率。

但是,3 个故障率的不确定性是不考虑的。事实上,Baraldi,Compare 和 Zio(2013a)进行的敏感性分析显示,当 3 个故障率的值在较大的范围内变化时,该模型的输出并没有明显的变化,而进一步考虑它们的不确定性会大大增加计算量。

表 9.1　模型参数

随机变量	不确定参数	描　　述
X_1	$\Theta_1=(\Theta_{11},\Theta_{21})$	退化水平由“优”到“中”的转移时间
X_2	$\Theta_2=(\Theta_{12},\Theta_{22})$	退化水平由“中”到“劣”的转移时间
X_3	$\Theta_3=(\Theta_{13})$	退化水平由“优”到故障的转移时间
X_4	$\Theta_4=(\Theta_{14})$	退化水平由“中”到故障的转移时间
X_5	$\Theta_5=(\Theta_{15})$	退化水平由“劣”到故障的转移时间

假设对于每个不确定参数,有 3 位专家给出参数的估计值。要求每一位专家提供他们认为包含不确定参数的真实值的范围区间。由 3 位专家给出的区间范围如表 9.2 所列。区间表示为 $J_{i,p}^{(l)}$,其中,$l=1,\cdots,3$ 表示专家;$i=1,\cdots,5$ 表示随机转移或故障时间;$p=1,\cdots,M^i$ 表示描述转移或故障时间的概率分布参数($M^1=M^2=M^3=2,M^4=M^5=1$)。

根据 6.2.2 节,从专家获取的信息可用于构建每个不确定参数 $\Theta_{i,p}$($i=1,\cdots,5;p=1,\cdots,M^i$)的证据空间($S_{i,p},J_{i,p},m_{i,p}$)。

表 9.2 由 3 位专家提供的参数的不确定范围

参数		专家知识					
		专家 1		专家 2		专家 3	
		最小值	最大值	最小值	最大值	最小值	最大值
Θ_{11}	η_{12}	1843	1880	1815	1908	1720	2001
Θ_{21}	β_{12}	7.92	8.08	7.8	8.2	7.4	8.6
Θ_{12}	η_{23}	735	750	725	762	687	800
Θ_{22}	β_{23}	7.92	8.08	7.8	8.2	7.4	8.6
Θ_{13}	λ_1	9.9×10^{-7}	1.01×10^{-6}	9.75×10^{-7}	1.03×10^{-6}	9.25×10^{-7}	1.075×10^{-6}
Θ_{14}	λ_2	0.99×10^{-4}	1.01×10^{-4}	9.75×10^{-5}	1.03×10^{-4}	9.25×10^{-5}	1.075×10^{-4}
Θ_{15}	λ_3	1×10^{-2}	1×10^{-2}	1×10^{-2}	1×10^{-2}	1×10^{-2}	1×10^{-2}

参数 $\Theta_{i,p}$ 的区间，即其可能值的集合，是由专家提供的 3 个区间的并集 $J_{i,p}^{(l)}$，而焦点集 $J_{i,p}$ 是由这 3 个区间构成的。最后，根据基本信度分配给每个区间范围分配相同的信度：

$$m_{i,p}(J_{i,p}^{(l)})=\frac{1}{3}$$

9.4 不确定性的传播

维修决策者感兴趣的主要指标是整个任务时间的停机时间和与维修策略相关的成本。由于这两个量都是不确定的，因此决策者通常会考虑其期望值，即整个任务时间内停机时间比例的平均值，其由任务时间内的平均不可用度（EU）以及期望的维修成本（EC）表示。

为了帮助读者加深对这个研究案例的理解，接下来介绍不确定性传播结果，这一结果是在不考虑概率分布参数的认知不确定性的非现实情况下获得的，在 9.4.2 节中描述了在所有不确定因素都被考虑的情况下混合概率——证据理论的不确定性传播方法在本示例中的应用。

9.4.1 在参数没有认知不确定性的情况下的维修性能评估

表 9.3 所列为 Zille 等（2009）采用的故障和退化时间的概率分布的参数值，对应专家提供的区间的中点（表 9.2）。在这种情况下，不确定性传播在 1 层不确定性传播环境内执行，并且需要应用蒙特卡罗方法（Baraldi，Compare 和 Zio，2013b）。

表 9.3　概率分布参数

参　　数	值
η_{12}	1861h
β_{12}	8
η_{23}	743h
β_{23}	8
λ_1	$10^{-6}h^{-1}$
λ_2	$10^{-4}h^{-1}$
λ_3	$10^{-2}h^{-1}$

蒙特卡罗仿真的每个实验包括在不同时间产生一个随机游走,表示组件从一个状态转移到另一个状态。在一个实验内,从 0 时刻状态“优”开始,需要确定下一个转移何时发生,以及系统在转移后到达什么新状态。然后该过程重复进行,直到时间达到任务时间为止。时间被适当地离散化为区间,并引入计数器以累积每次试验对不可用度的贡献。在每个计数器中,累积了组件的不可用时间,即组件处于“故障”状态的时间。在所有蒙特卡罗实验被执行之后,每个计数器的内容除以区间长度和实验总数,可以给出该区间的平均不可用度的估计,并且不同的区间中获得的所有不可用度的平均值表示了在任务时间内组件的平均不可用度。注意,该过程对应于采用关于系统寿命的随机过程实现的整体均值。

在本应用示例中,任务时间 $T_{\text{miss}}=10000$h 已经分为长度为 $N_{\text{bin}}=20$ 个长度为 500h 的“区间”并且进行了 5×10^4 次蒙特卡罗仿真。结果是在检验间隔设为 2000h 下获得的。图 9.3 所示为“区间”内组件的平均不可用度的取值。图 9.3 的纵坐标显示了与不同“区间”相对应的平均不可用度。实际上,当应用蒙特卡罗仿真方法时,“区间”内组件不可用时间的统计量将被收集。这些统计量描述了停机时间如何受到与组件行为相关的随机模型的随机变化的影响。然后对每个“区间”中 d 的收集值进行平均,以获得对该“区间”的平均不可用度的估计(图 9.3 中显示的值)。

由于蒙特卡罗仿真方法仅给出了区间的不可用度的真实分布的估计,并且这些量具有误差,所以 68.3%置信区间通常添加到不可用度的表征中。注意,通过增加蒙特卡罗仿真的数量可以减少由这些置信区间表征的蒙特卡罗估计误差:根据中心极限定理(Papoulis 和 Pillai,2002)估计误差服从正态分布,其随着蒙特卡罗仿真数量的增加趋于 0。通过将这种正态分布的标准差加到估计平均值和从估计平均值减去时, 68.3%的置信水平可以被确定(Zio,2012)。因为在这种情况下,置信水平为 68.3%的置信区间非常窄以至于减小成点,这没有

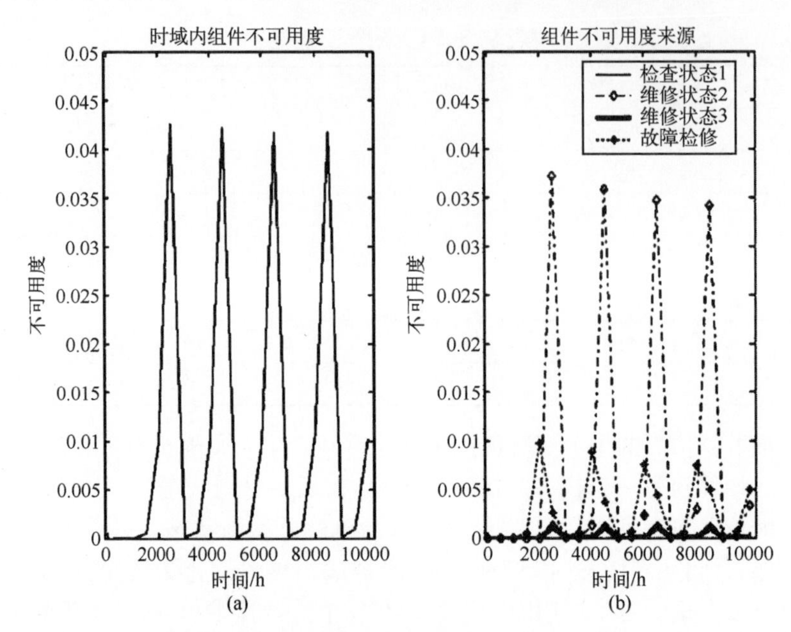

图 9.3 (a)对分隔任务时间的“区间”内的组件平均不可用度的估计以及(b)识别不同来源的不可用度

在图 9.3 的不可用度表示中表现出来。这证实了选择执行 5×10^4 次蒙特卡罗模拟可以保证结果的可接受度。

图 9.4 所示为对应于第一次检查时间的区间[2000h,2500h]中零件不可用时间比例 d 的分布。

图 9.4 中的 CDF 主要有两个阶梯,可以通过考虑相同组件所组成群体的随机演化解释。

(1) 在 $d=0.01$ 时的第一个阶梯,是由检查之前未故障并且发现处于退化状态“优”的组件所造成的。这些组件在持续 5h 的检查中都不可用(D_1 的 1%)。

(2) 在 $d=0.05$ 时的第二阶梯,是由对之前未故障并且在发现处于退化状态“中”或“劣”的组件实施 CBM 所造成的。这些组件需要持续 25h 的维修行为(D_1 的 5%)。

显然,还有其他对 d 的贡献,并与以下这些问题相关。

(1) 更换在前一个“区间”中失败组件,并在当前“区间”中重置为运行状态;这些组件导致 CDF 在 $d=0.05$ 和 $d=0.2$ 之间的平稳增长。

(2) 在第一个“区间”[0h,500h]中故障并且在[2000h,2500h]被检查的组件的维修所导致的不可用度。

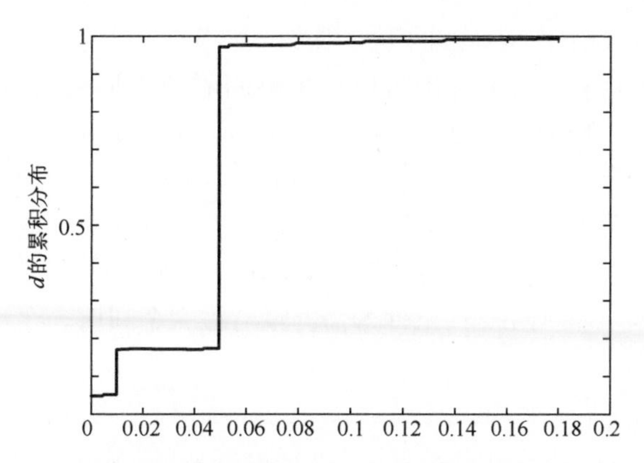

图9.4　“区间”[2000h,2500h]中停机时间比例 d 的累积分布(Baraldi,Compare 和 Zio,2013a)
(d=在“区间”[2000h,2500h]内的部分停机时间)

(3) 在先前的“区间”中一次或多次失效组件的再次失效导致的不可用度。

注意,“区间”中的停机时间总是小于其长度的20%;这是因为所考虑的组件中没有一个组件在同一个“区间”中经历了多次故障,而更换动作的持续时间对应于“区间”长度的20%。

图9.3(b)将“区间”内的平均不可用度分解成其不同的组成部分:①由于检查处于退化状态“优”的组件时的不可用度;②由于在检查中发现处于退化状态“中”或“劣”的预防性更换导致的不可用度;③由于故障时执行修复性维修动作而导致的不可用度。

通过考虑相同类型的组件,比较图9.3(a)和(b)表明,在 t=2000h时,不可用度的首次增加主要是由于修复性维修动作更换了在时间区间[1500h,2000h]内故障的组件。出于这个目的,注意到表示从退化状态“优”转移到退化状态“中”的威布尔分布的尺度参数等于1861h,由于该取值对应于转移时间分布的63.21%的分位点,所以预期有几个组件将经历向“中”状态的转移,少数组件甚至将经历向“劣”状态的进一步转移。与这些状态相关的故障率的值(分别为 $10^{-4}h^{-1}$,$10^{-2}h^{-1}$),其比与“优”状态相关的故障率($10^{-6}h^{-1}$)的值更大,这正好解释了在区间[1500h,2000h]中故障组件数量的增长。

如图9.3所示,平均不可用度在 t=2500h达到最大值,其对应“区间”[2000h,2500h];此“区间”的不可用度来源在之前已讨论过。

在连续的“区间”中,与“群体”(大量组件经历完全一样的行为)相比,检查和故障时间变化的部件数量会增加,并且由于更换处于退化状态“中”的组件导致了更加平滑的峰值,以及由于更换故障和处于退化状态“中”的组件导致了在峰值后的“区间”中的更大的平均不可用度。由更换退化状态“劣”的组件和检查退化状态"优"的组件所导致的不可用度仍然很小。

图9.5所示为在任务时间中对应于检测间隔 II 不同值的组件的平均不可用度。最初,呈下降趋势,在 $II=1000\sim1500$h 时达到最小值,对于更长的检测间隔,不可用度开始急速增加。这是两个相互矛盾的趋势的结果:一方面,更频繁的检测增加了发现处于退化状态"中"和"劣"的组件的可能性,这样可以防止组件发生故障,从而避免了在故障之后较长的更换时间;另一方面,频繁更换是无效的,因为在这种情况下,组件寿命并没有被完全利用。在 $II=1500$h 时的最小值代表这两种趋势之间的最佳平衡点。

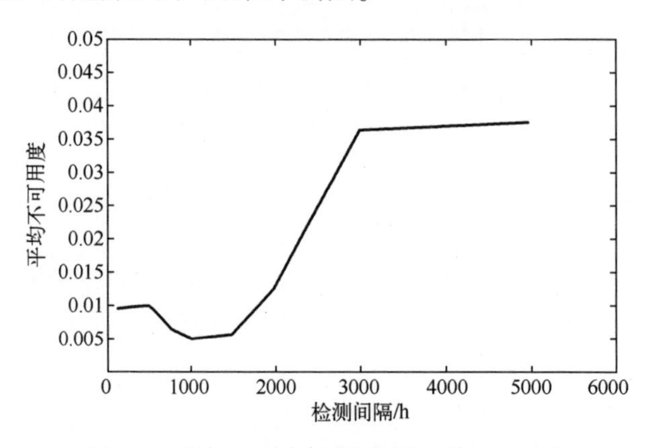

图9.5　对应于不同检测间隔的平均不可用度

9.4.2　混合概率——理论证据的不确定性传播方法的应用

下面考虑故障和退化时间分布参数的认知不确定性。在6.2.2节中讨论到的不确定性传播法应用在了这种二层不确定性环境,模型输出已经定义为由 $N_{\text{bin}}+2$ 元素构成的向量 $\boldsymbol{Z}$,前 N_{bin} 个元素代表了在相应"区间"的故障停机时间比例,$N_{\text{bin}}+1$ 个元素代表了在整个任务时间的故障停机时间比例,并且最后的元素代表了与维修政策相关的花费。

正如在6.2.2节中所描述的不确定性故障传播法,它提供了模型输出量的概括度量。在这项工作中,我们关注输出量的平均值。换言之,在分隔任务时间得到的"区间"内的平均不可用度EU,以及预期花费EC。考虑到,例如在任务时间内的平均不可用度EU,这个方法提供了信度与似然度度量 $\text{Bel}(A)$ 和 $\text{Pl}(A)$ 的任何区间可能的平均不可用度的取值,即 $A\subset[0,1]$。为了说明结果,考虑区间 $[0,u)$,其中 u 包含在 $[0,1]$ 内,而且 $\text{Bel}([0,u))$ 和 $\text{Pl}([0,u])$ 作为信度与似然度分布。

不确定性传播方法的应用要求一个固定数目的样本 M_{e},产生于受制于认知不确定性的不确定性参数空间。需要注意M_e的值越大,输出数目的值就越大,因此,所确定的一组分布[Bel; Pl]的精确度也越高。所以,M_e的设置要求在确保分布精度和减少计算时间需求之间进行权衡。在此,M_e参数设置为 2000。

9.5 结　果

图 9.6 所示为在任务时间划分出的不同“区间”上,获得的平均不可用度的信度分布和似然度分布。在第一个“区间”中(t = 500 ~ 1500h)信度分布和似然度分布非常接近并且趋向于 1,与此同时平均不可用度的值非常接近(甚至等于)0;这是由于由专家提供的区间内的认知不确定性参数值的任意组合所对应的平均不可用度一直保持非常小。

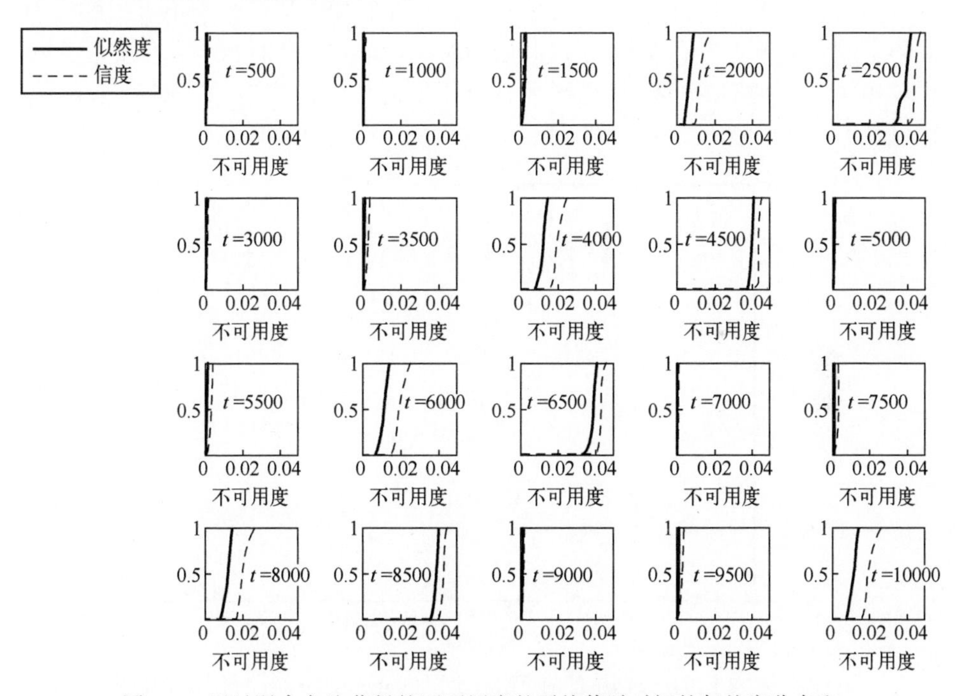

图 9.6　通过混合方法获得的不可用度的平均值随时间的似然度分布和信度分布(Baraldi, Compare 和 Zio, 2013a)

当 t = 2000h 时则情况有所不同,似然度分布和信度分布向着更高的不可用度值转移。这是由于在“区间”内经历故障的部件的数量发生增长,由于部件转移到退化状态“中”和“劣”,如上述没有认知不确定性的情况(9.4.1 节)。需要注意的是,信度分布和似然度分布之间的差距与第一个“区间”相比是相当大的。这是由于部件的行为受到不确定参数特定组合的很大影响。例如,考虑到尺度参数代表63%处的分位点,$\eta_{12}\approx720$h 和 $\eta_{23}\approx690$h 的组合导致了一个仿真实例,其中部件在 $t=2000$h 之前是非常容易发生故障的,结果就是具有很大的不可用度。相反,$\eta_{12}\approx2000$h 和 $\eta_{23}\approx800$h 的组合的结果是,在“区间”[1500h,2000h]内故障很少出现。

在下一个“区间”$t=2500$h,分布向着不可用度的轴右侧移动,这符合在模型参数没有不确定性的情况下不可用度的行为(图 9.3)。在连续的“区间”中(图 9.6),信度分布和似然度分布是第一个“区间”的“循环”。例如,“区间”[1500h,2000h]的相关曲线与“区间”[3500h,4000h]的相应曲线相似,相似“区间”内的信度分布与似然度分布的区别是由于与普遍组件寿命不同的组件数量增加所造成的,这已在 9.4.1 节给出了解释。

尝试总结图 9.6 的分布后,图 9.7 显示了各个“区间”的平均不可用度的中值的上限和下限。中值代表了“区间”内的平均不可用度的 50%分位点。作为比较,9.4.2 节说明的“区间”内平均不可用度的估计没有考虑认知不确定性,这也在图 9.7 中被给出。

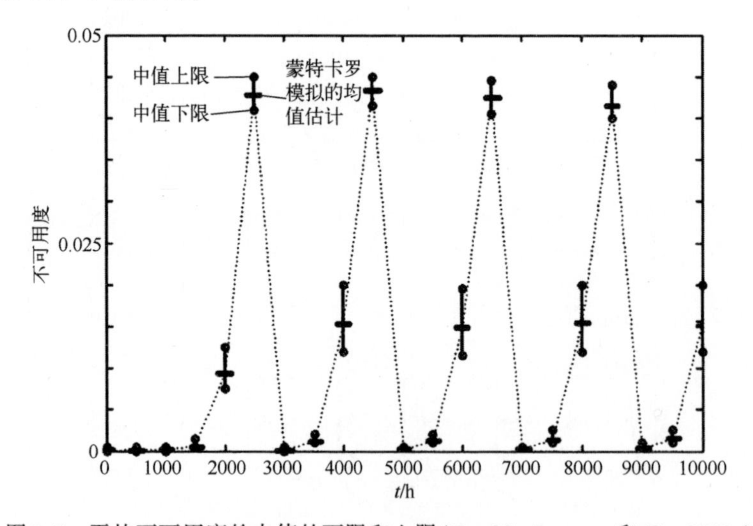

图 9.7　平均不可用度的中值的下限和上限(Baraldi,Compare 和 Zio,2013a)

图 9.8 和图 9.9 分别所示为任务时间内的平均不可用度与花费的似然度分布与信度分布,对应于 3 种不同的检测间隔 II 值,即 $II=1000$h、$II=1500$h 和 $II=2000$h。当每 1000h 检测组件时,不可用度和成本值的不确定性很小,这是因为组件群体的表现非常一致。这些数据清楚地表明,当维修优化问题涉及认知不确定性时,确定最佳维修策略是非常困难的。例如,确定是否 $II=1500$h 对

应的性能好于 $II=2000\mathrm{h}$ 对应的性能是一个需要被解决的开放问题。

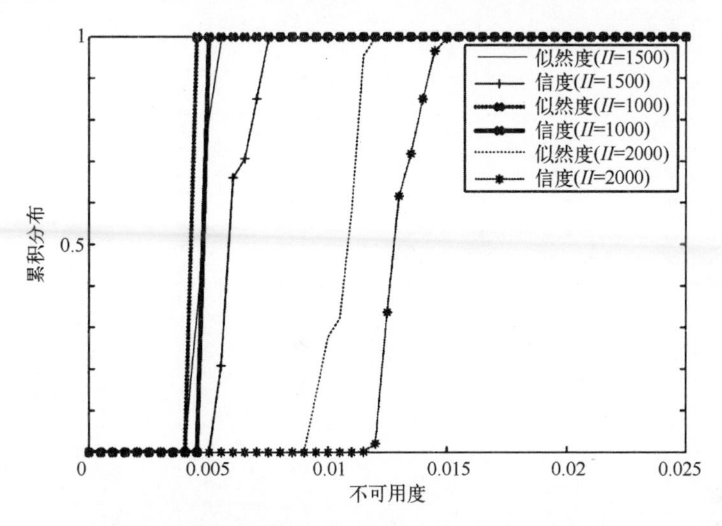

图 9.8 对于控制变量检测间隔 II 的不同值,在时间范围内的平均不可用度的信度分布和似然度分布(Baraldi,Compare 和 Zio,2013a)

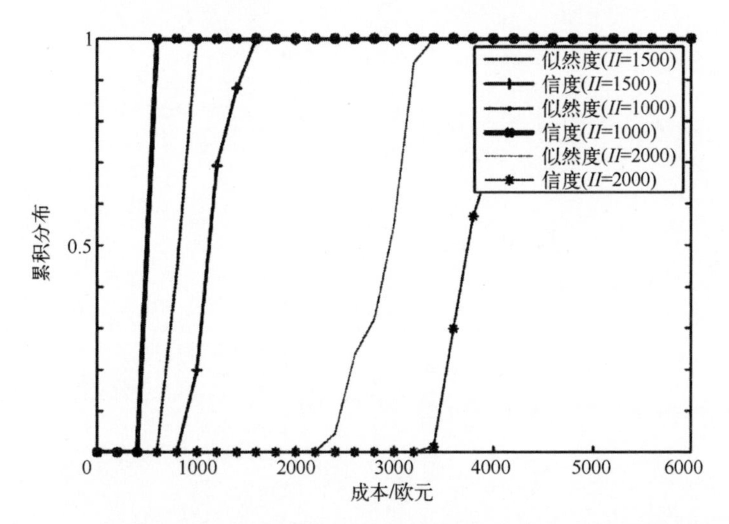

图 9.9 对于控制变量检测间隔 II 的不同值,预期成本 EC 在时间范围内的似然度分布和信度分布(Baraldi,Compare 和 Zio,2013a)

由于算法的复杂性,该方法的缺点在于需要非常大的存储空间和计算时间。事实上,还需要一系列蒙特卡罗仿真实验来搜集系统中从不确定参数的 N_u 维空间($N_S \times N_T$ 仿真)获得的 M_e 每一个样本的随机不确定性,此外,输出和 N_u 维空间之间的映射(见 5.2.2 节中的步骤(5))比较繁冗。

表 9.4 所列为针对 $N_T = 2000$ 和 $N_S = 10000$ 的不确定参数值组合下该方法的计算时间。

表 9.4　计算时间

参　数	数　值
蒙特卡罗仿真次数	2000
不确定参数组合数	8000
CPU 时间(Intel Core 2 duo,3.17GHz,2GB RAM)	约 30h

第 10 章　事件树分析中不确定性的表征和传播

本章介绍事件树分析中对不确定性表征以及传播方法在核工业中的应用，这一应用部分基于 Baraldi 和 Zio (2008)。

10.1　事件树分析

事件树分析(ETA)是一种常用的演绎推理方法,通过将事故发展演化的过程离散为一些宏观的事件,来推断一个始发事件可能导致不同的事故序列,用它们的发生概率进行度量。下面简要给出了这一分析方法使用的基本准则,感兴趣的读者可以在 Zio (2007),Henley 和 Kumamoto (1992)及其参考文献中找到更详细的介绍。

首先,确定始发事件,通常是指部件故障或外部故障;然后,根据干预的逻辑来定义和组织旨在减轻事故的所有安全功能。

图 10.1 所示为一个事件树的示意图,始发事件 I 用开始的水平线表示,系统的状态用步进的树枝形状表示,正常和故障状态分别用 S 和 F 表示。最后一列表示根据树状结构推断出的事故序列。每个分支都能产生一个事故序列,例如,IS_1F_2表示发生了始发事件 I ,触发安全系统 1 并成功运行 S_1,安全系统 2 受到触发但没有成功运行 F_2。值得注意的是,事件树一个分支上对应的系统状态取决于安全系统之前已经出现的状态。在这个示例中,安全系统 1 运行成功与否是以始发事件的发生为前提的,图 10.1 中上侧的分支表示安全系统 1 成功运行,然后,安全系统 2 运行成功与否的前提是始发事件 I 发生并且安全系统 1 成功运行。

事件树建立好以后,就要计算不同事故序列发生的概率。首先需要确定事件树里每个事件发生的概率,即给定该事件之前的所有事件均已发生时该事件发生的条件概率;然后,通过对一个分支上所有条件概率相乘,可以得到事故序列发生的概率。

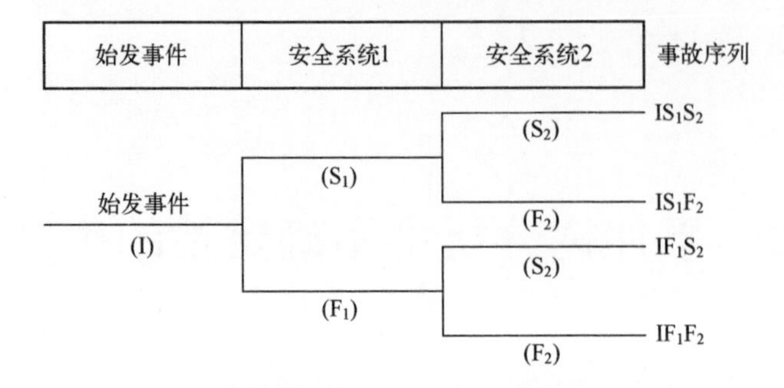

图 10.1 系统事件树的示意图(*Reliability Manual for Liquid Metal Fast Reactor(LMFBR) Safety Programs*,1974(Zio (2007)))

10.2 示例研究

核电厂的事故情况通常划分为设计基准事故。根据确定的设计准则,在设计中采取了针对性措施的一组有代表性的事故,并且该类事故中燃料的损坏和放射性物质的释放保持在管理限值以内。与设计基准事故严重程度相当或低于其严重程度的事故称为"设计基准内事故";比设计基准事故严重的事故称为"超设计基准事故"(图 10.2)。在超设计基准事故中,涉及重要堆芯降质,可能引起放射性物质泄漏并导致灾难性后果的事故称为"严重事故",这类事故是设计人员、用户、管理部门和研究人员关注的重点。

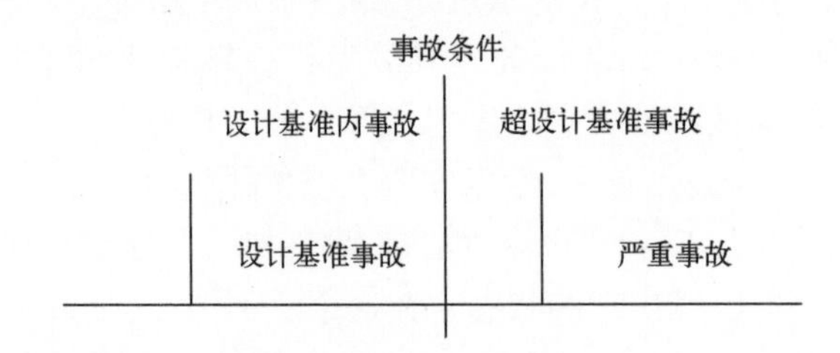

图 10.2 根据国际原子能组织(IAEA)安全术语(IAEA Safety Glossary,2007)对核事故的分类

下面计算未能紧急停堆的预计瞬态事件(ATWS)(Huang,Chen 和 Wang,2001)发生后导致严重事故的概率。ATWS 是核电厂最可怕的事件之一。

当保护系统诊断到电厂可能发生的事故,需要采取保护措施,把控制棒插入到反应堆堆芯来关掉核反应堆,但是这一操作未能成功实施时,就会引起 ATWS 的发生。为了分析 ATWS 导致的事件序列,建立了如图 10.3 所示的事件树，这一示例是中国台湾核二厂采用 PRA 报告草案(Nuclear Energy Research Center,1995)分析的结果。表 10.1 对事件树的顶事件进行了详细的描述。

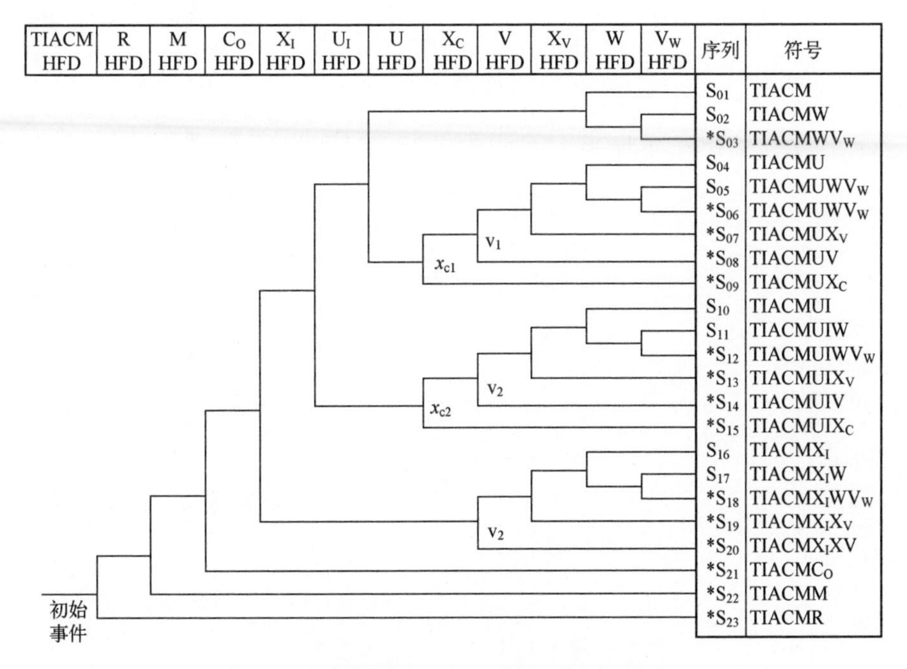

图 10.3　事件树(Huang,Chen 和 Wang,2001)
(上部的分支表示该事件未发生,下部的分支表示事件发生;
SEQ 表示序列编号,＊表示具有严重后果的事故)

表 10.1　事件树的顶事件(Huang,Chen 和 Wang,2001)

事　件	缩　写	类型	ν	描　述
主冷凝器隔离(ATWS)	T1ACM	HFD	ν_1	当反应堆被隔离,自动快速停堆系统失效时,此事件发生。假设机械故障无法在规定时间内修复
循环泵故障	*R*	HFD	ν_2	如果电厂停堆失败,则需要立即启动一个自动循环泵系统限制发电。如果自动循环泵系统失效,则事件 *R* 发生
安全阀/减压阀(S/RV)打开	*M*	HFD	ν_3	当反应堆被隔离时,16 个安全阀/减压阀中必须有至少 13 个能够打开,用来避免反应堆容器过量增压。如果没有足够的安全阀/减压阀打开,则事件 *M* 发生

（续）

事　件	缩　写	类型	ν	描　述
硼注入	C_0	HFD	ν_4	当 ATWS 事件发生，堆芯的功率会非常大。如果功率不能减弱至关闭状态，反应堆产生的蒸汽会不断地注入到抑压池中，然后温度上升会导致高压系统失效。这可能会导致堆芯熔化，这时就需要自动冗余反应度控制系统（RRCS）将液态硼注入到反应堆容器中使反应堆关闭。但是如果自动 RRCS 失效，工作人员不能用备用液体控制系统（SLCS）注入液态硼，则事件 C_0 会发生。这一事件的前提是假设工作人员不能在规定时间内手动注入液态硼
自动降压系统（ADS）抑制	X_1	HED	ν_{12}	ADS 是用于降低反应堆的压力，然后启动低压系统的。低压系统向反应堆容器中注入水以保护燃料。当 ATWS 事件发生时，反应堆的功率是用堆芯中的水位控制的。由于高水位会导致高功率，工作人员需要手动禁止所有 ADS，如果这一动作失败，则事件 X_1 发生
早期高压补偿	U_1	HFD	ν_5	给水停止后，水位低至 2 级时，自动警报启动，然后高压补偿系统自动开始运行。水位需要到达燃料的顶部。如果高压系统不能自动工作，则事件 U_1 发生
长期高压补偿	U	HFD	ν_6	避免这一事件发生的判断准则是高压系统在启动 24h 之内能够保持反应堆容器的水位。如果系统失效，则事件 U 发生，进而启动低压系统维持所需水位
手动反应堆降压	$X_C(X_{C1}, X_{C2})$	HED	ν_{13}, ν_{14}	如果反应堆容器的压力过大而导致不能启动低压系统，工作人员需要及时手动降低容器的压力，以防止堆芯熔化。对于不同事故序列中，这一事件的条件概率不同，在序列 4~9 中，；在序列 10~15 中，事件 U_1 发生，则事件 X_C 为 X_{C2}
低压状态反应堆燃料总量补充	$V(V_1, V_2, V_3)$	HFD	ν_7, ν_8, ν_9	如果高压系统和低压系统都失效，则事件 V 发生，并且容器中的水位会不断下降，直至堆芯熔化。由于在不同序列中的不同条件概率，在序列 4~7 中为 V_1，在序列 10~14 中为 V_2，在序列 16~20 中为 V_3
防止容器溢出	X_V	HED	ν_{15}	当容器中的压力降到低压系统可以注水时，大量的水会进入堆芯中。工作人员需要关注水位，防止水位过高使得堆芯熔化。事件 X_V 是指工作人员未能成功完成这一工作

（续）

事　　件	缩　　写	类型	ν	描　　述
长期排热	W	HFD	ν_{10}	剩余热量排出(RHR)系统用于冷却抑压池和安全壳,来保证其他支撑系统工作正常。如果这个系统失效,则事件 W 发生
安全壳失效后容器储量补充	V_W	HFD	ν_{11}	CTMT 可能由于压力过大或过热而失效。在 CTMT 失效时,反应堆容器中需要持续供水以防止燃料熔化。在这些事件中,X_1、X_C 和 X_V 主要由人为错误导致,其他的则由硬件失效导致
ν—发生概率;HFD—硬件故障占主导地位;HED—人为错误为主导。				

根据 PRA Report(1995)中的假设,事件 X_C 和 V 的发生频率概率受到事件 U_1 和 X_1 的影响,事件 X_v、W 和 V_W 的频率概率在不同序列中的频率概率为定值。

下面基于单个事件发生的频率概率,对图 10.3 中的 23 个已识别的事故序列和 1 个严重事故发生的频率概率进行计算。

由于知识的缺乏,无法得到单个事件发生的频率概率的真值。因此,需要:①表示影响这些概率值的认知不确定性;②准确地将这些认知不确定性从单个事件的频率概率传递至事件序列和严重事故发生的概率中。

利用数学公式解决这个问题,考虑模型 $g_r(r=1,\cdots,23)$,根据序列中单个事件发生或不发生的频率概率(模型的输入)ν_i,计算第 r 个事故序列发生的频率概率(模型的输出)p_{Seq_r},模型表示如下。

$$P_{\mathrm{Seq}_r} = g_r(\nu_1,\nu_2,\cdots,\nu_{15}) = \prod_{i\text{在}\mathrm{Seq}_r\text{中发生}} \nu_i \prod_{i\text{在}\mathrm{Seq}_r\text{中不发生}} (1-\nu_i) \quad (r=1,\cdots,23) \tag{10.1}$$

关于频率概率的计算,可以参照 2.2 节的例 2.2。

最后,严重事故发生的概率是将所有导致严重事故的序列的频率概率相加得到,即

$$p_{\mathrm{Sev}} = \sum_{r:\mathrm{Seq}_r\text{属于}\mathrm{Sev}} p_{\mathrm{Seq}_r} \tag{10.2}$$

应用 10.1(简单描述)

不确定量输入:

- 分支事件 ν_i 发生的频率概率($i=1,\cdots,15$)(表 10.1)。

输出结果:

- 23 个已识别的事故序列发生的频率概率 $p_{\mathrm{Seq}}(r=1,\cdots,23)$。

• 严重事故发生的频率概率 p_{Sev}。

模型：

$$P_{\text{Seq}_r} = g_r(\nu_1, \nu_2, \cdots, \nu_{15}) = \prod_{i\text{在Seq}_r\text{中发生}} \nu_i \prod_{i\text{在Seq}_r\text{中不发生}} (1 - \nu_i)\ (r = 1, \cdots, 23)$$

$$p_{\text{Sev}} = \sum_{r:\text{Seq}_r\text{是Sev}} p_{\text{Seq}_r}$$

输入不确定量的类型：

• $\nu_i(i=1,\cdots,15)$，为认知不确定性变量。

10.3 不确定性的表征

根据 Huang，Chen 和 Wang（2001），表 10.1 中的事件可以分为 11 个硬件失效为主导（HFD）事件和 4 个人为错误为主导的（HED）事件，并且可以通过不同的来源获得这些事件发生的频率概率的不确定性表征。

（1）HFD 事件：试验数据；

（2）HED 事件：专家经验。

对于 HFD 事件 $\nu_i(i=1,\cdots.,11)$，其发生的频率概率服从对数正态分布，如图 10.4 所示，分布的均值和标准差在表 10.2 中给出。在风险评估中，对数正态分布常用于描述事件频率概率的不确定性规律，用对数正态概率图（Burmaster 和 Hull，1997）也可以很容易得到对数正态分布的参数。

对于 HED 事件 $\nu_i(i=12,13,14,15)$，没有可用的实验数据，我们采用 4 个专家的经验，并推断梯形可能性分布 $\pi_{\nu_i}(\nu_i)(i=12,13,14,15)$，如图 10.5 所示。从可能性分布推断以及对不同专家意见的整合方法可以参见 Huang，Chen 和 Wang（2001）。

我们注意到，专家经验对发生概率 ν_{13} 和 ν_{14} 给出的结果非常不同。事件 14 发生概率 ν_{14} 显得非常不准确，由于 ν_{14} 在 0.1~1 的所有值都服从值为 1 的可能性分布 $\pi(\nu_{14})$，导致其核心非常大，这是因为专家们认为这些事件都有可能发生。相反地，事件 13 的发生概率 ν_{13} 则非常准确地定义在区间[0.0015，0.0082]上。

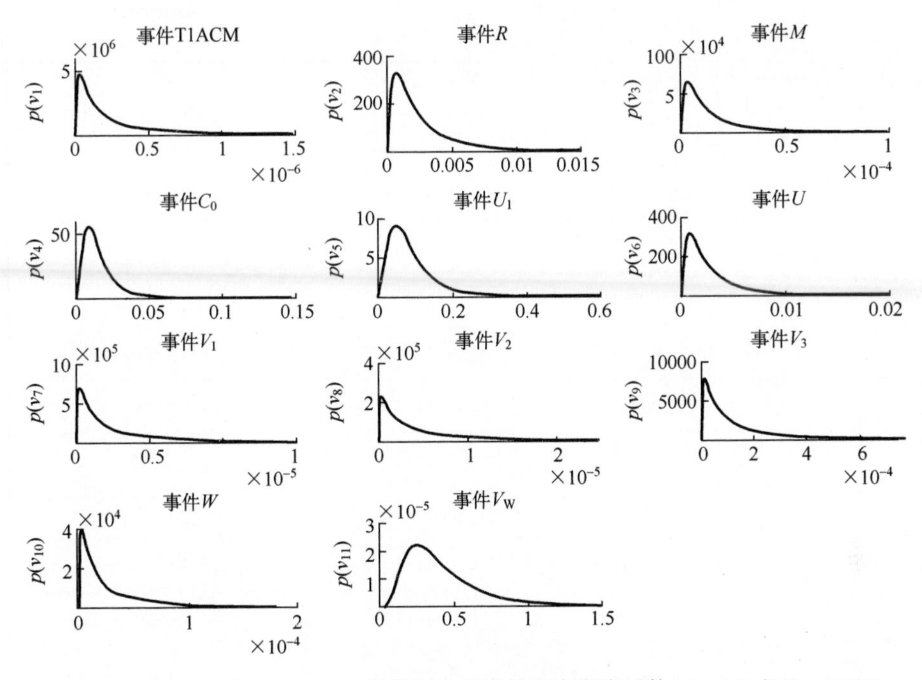

图 10.4　表 10.1 中 11 个 HFD 事件发生概率的概率密度函数(Baraldi 和 Zio,2008)

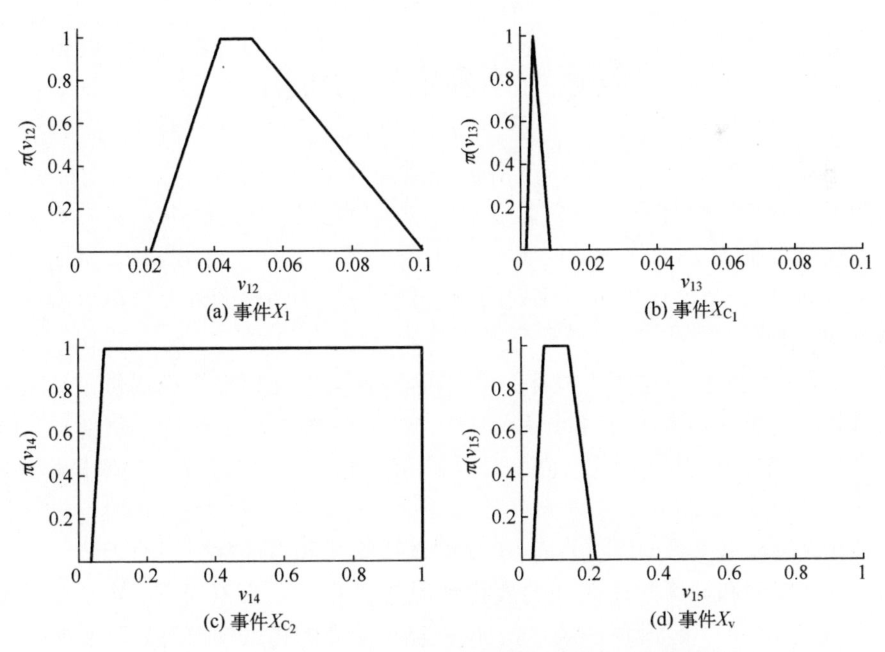

图 10.5　表 10.1 中 4 个 HED 事件发生概率的可能性分布
(Baraldi 和 Zio,2008;Huang,Chen 和 Wang 2001)

表 10.2 概率密度函数的参数(Huang,Chen 和 Wang,2001)

事 件	PDF	中 位 数	误差因子
T1ACM	$p_{v_1}(v)$	1.52×10^{-7}	8.42
R	$p_{v_2}(v)$	1.96×10^{-3}	5.00
M	$p_{v_3}(v)$	1.00×10^{-5}	5.00
C_0	$p_{v_4}(v)$	1.37×10^{-2}	3.00
U_1	$p_{v_5}(v)$	8.45×10^{-2}	3.00
U	$p_{v_6}(v)$	2.13×10^{-3}	5.00
V_1	$p_{v_7}(v)$	1.12×10^{-6}	10.00
V_2	$p_{v_8}(v)$	3.40×10^{-6}	10.00
V_3	$p_{v_9}(v)$	9.49×10^{-5}	10.00
W	$p_{v_{10}}(v)$	2.03×10^{-5}	10.00
V_W	$p_{v_{11}}(v)$	4.00×10^{-1}	2.40

10.4 不确定性的传播

用概率分布和可能性分布对不确定性变量进行表示后,将 6.1.2 节中介绍的混合概率—可能性不确定性传播方法应用到这一案例中。这一不确定性传播模型根据 15 个输入值(事件发生的频率概率 ν_i)给出了 24 个输出值(10.1 节中 23 个已识别事故序列的频率概率 p_{Seq_r} 和 10.2 节中严重事故的频率概率 p_{Sev})。

不确定性传播方法为事故序列和严重事故发生的频率概率提供了信度和似然度的度量,即 Pl(A) 和 Bel(A),其中 A 表示一般的取值区间。例如,当 $A=[0,u)$ 时,信度和似然度测度,为 Pl(A) 和 Bel(A),可以描述序列频率概率比 u 小的不确定性。

在设置模型参数时,通过 $M=1000$ 个随机变量和可能性分布的 21 个 α—截集对估计精度和计算时间之间的变化情况进行观察。可以得到,当 M 增大或 α—截集数增多时,计算时间线性增加,但输出分布的精度却没有显著增加。

10.5 结　　果

图 10.6 所示为事故序列 13、15 和 22 以及严重事故发生的频率概率的信度和似然度函数。选取这 3 个事故序列是因为它们代表了不确定性传播的不同情况。另外,严重事故的概率是用于风险评估的重要参数。

从图 10.6(a)中可以看到事故序列 13 的 Bel([0,u))(下方的曲线)和 Pl([0,u))(上方的曲线)之间距离很大,这表示结果非精确。这是由于事故序列 13 与 HED 事件 X_{C2} 的发生有关,而 X_{C2} 相关信息的获取非精确(图 10.5(c))。例如,在似然度测度中,事故序列 13 永远不会发生,即 Pl($p_{Seq_{13}}$=0)= 1,但在信度测度中,Bel($p_{Seq_{13}}$=0)= 0,表示事故序列 13 不发生的必然性为 0。似然度测度为 1 是因为 $\nu_{14}=1$ 的可能性为 1,即专家认为事件 X_{C2} 必然会发生,相反地,当在事故序列 13 中 X_{C2} 不发生时,事故序列 13 不发生是非常有可能的,即 Pl($p_{Seq_{13}}$=0)= 1。

而对于事故序列 22,情况正相反,它是由 HFD 引起的。因此,函数 g_{22} 的输入值,可以用概率分布给出,Bel([0,u))和 Pl([0,u))趋势一致,而且可以理解为累积分布 $F(u)$(图 10.6(c))。

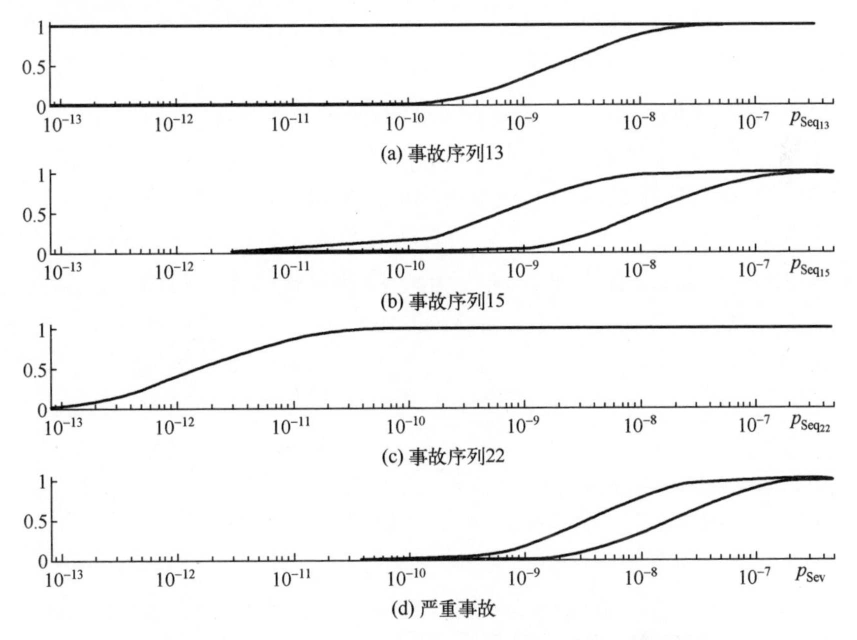

图 10.6　混合方法应用结果[0,u)的信度和似然度测度

一个位于事故序列 13 和 22 情况之间的中间情况由事故序列 15 表示(图 10.6(b))。

基于混合方法的不确定性传播的结果与通过纯概率和纯可能性的不确定性表示和传播方法所获得的结果进行了比较。

10.6 与使用其他不确定性表征和传播方法所获得结果的比较

10.6.1 不确定性的纯概率表征和传播

为了将概率方法应用在从分支事件发生的频率概率到事故序列发生的频率概率的不确定性传播中,需要得到可用的概率密度函数来表示每个单独事件发生的频率概率的认知不确定性。为了这一目的,将描述人为错误主导的事件发生频率概率中不确定性的可能性分布(图 10.5)转化为了概率密度函数。而根据 Yager(1996)所提出的用于处理离散变量的方法,这一转换可以实现,并在此处扩展至连续变量的情况。在实践中,通过将可能性分布值除以可能性分布下放区域面积的方法,可以得到其概率密度函数:

$$p_{v_i}(v) = \frac{\pi_v(v)}{\int_0^{+\infty} \pi_v(v)\,\mathrm{d}v} \quad (i = 12,13,14,15) \tag{10.3}$$

在研究中,采用标准蒙特卡罗仿真的方法来计算事故序列发生的频率概率。在每一次蒙特卡罗仿真中,事件发生的概率都是依据对应的概率密度函数抽样得到的,而随后事故序列的频率概率可以通过对序列事件采样频率概率的简单代数乘法得到。经过 M 次重复的蒙特卡罗抽样实验后,可以得到事故序列频率概率的经验分布函数(图 10.7)。为了同在混合概率—可能性的不确定性传播方法情况下得到的计算时间相同(见 10.5 节),蒙特卡罗抽样实验的重复次数为 $M=10^5$。

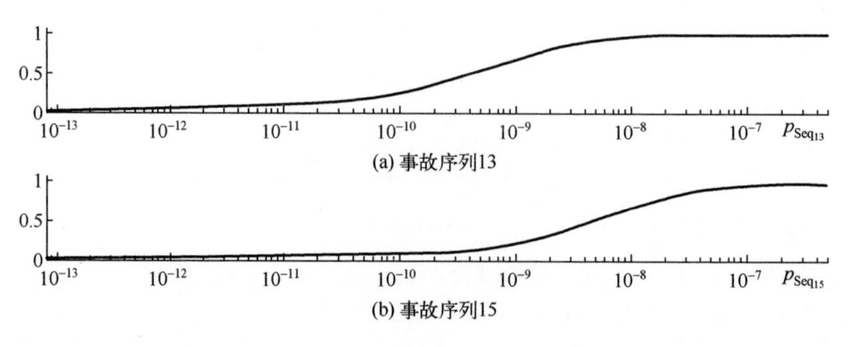

(a) 事故序列13

(b) 事故序列15

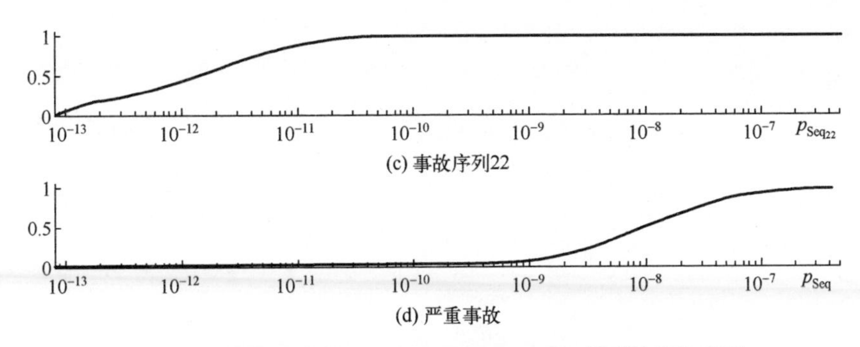

(c) 事故序列22

(d) 严重事故

图 10.7　根据概率方法(Baraldi 和 Zio,2008)得到的事故序列 13,15,22 以及一个严重事故的累积分布

10.6.2　不确定性的纯可能性表征和传播

如同纯概率方法所述,纯可能性的方法表示所有不确定输入值,包含硬件失效为主导的事件参数在内,都是采用可能性分布描述的。

根据 Huang,Chen 和 Wang (2001)的研究,已经将描述有关硬件失效为主导的事件的频率概率不确定性的概率密度函数转化为三角形可能性分布,这个可能性分布的尖峰(可能性分布值等于 1)为对应概率密度函数的均值处,而横坐标轴上的两个顶点(可能性分布值等于 0)则分别为对应概率密度函数值在 5%以及 95%处。随后,事故序列发生的概率可以依据模糊集理论的扩展原理(式(6.7))计算得到。在实践中,一般只考虑 Huang,Chen 和 Wang (2001)中得到的 20 个 α—截集(0.05,0.1,…,1)以及 0α—截集,虽然 Huang,Chen 和 Wang (2001)研究中并没有给出 0α—截集,这里通过对已有 α—截集值采用简单插值算法得到了 0α—截集。

通过上述方法得到的事故序列 13,15,22 以及严重后果发生的事故频率概率的可能性分布如图 10.8 所示。

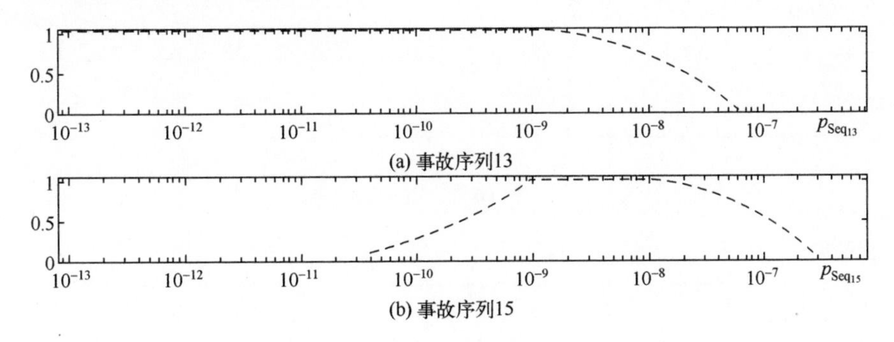

(a) 事故序列13

(b) 事故序列15

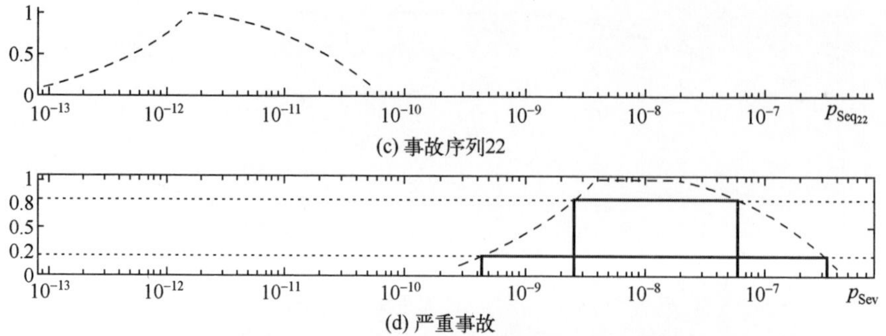

(c) 事故序列22

(d) 严重事故

图 10.8 事故序列 13,15,22 以及(最底部图)所有导致严重后果的事故序列的概率的可能性分布(在最底部的图中也给出了 0.8α—截集和 0.2α—截集)(Baraldi 和 Zio,2008)

为了将得到的结果同上述结果相比较,必然性测度和可能性测度 $N([0,u))$ 和 $\Pi([0,u))$,可以通过式(4.1)和式(4.2)计算得到。这两个测度分别对应混合概率—可能性方法中的信度测度和似然度测度 Bel([0,u))和 Pl([0,u))。所得到的分布函数如图 10.9 所示。注意到,图 10.8 和图 10.9 是从两个不同的角度提供相同的信息:前一个图的可能性分布可以通过 α—截集理解,而后一个图的信度和似然度测度可以理解为,在固定可信度水平下,从 Bel([0,u))和 Pl([0,u))中分别取上下界得到单侧上限的一个可能取值区间。例如,严重后果事故概率的 0.8 α—截集为$(2.549\times10^{-9},6.056\times10^{-8})$,0.2α—截集为$(4.261\times10^{-10},3.322\times10^{-7})$,而严重后果事故概率在可信度水平 80%时单侧上限的可能取值区间为$(2.549\times10^{-9},3.322\times10^{-7})$。因此,$a$/100 单侧上限的取值在 α—截集 a 的左边界和 α—截集$(1-a)$的右边界之间。这种结果是由 10.4 节中给出的似然度测度和信度测度的定义造成的,从定义中可以得到。u_1 就是 $\mathrm{Pl}([0,u_1))=a$对应 α—截集 a 的左边界,即可能性 a 下 X 的最小取值;同时 u_2 就是$\mathrm{Bel}([0,u_2))=a$对应 α—截集$(1-a)$的右边界。在实践中,信度测度等于 1 时对应 0 α—截集的右边界。

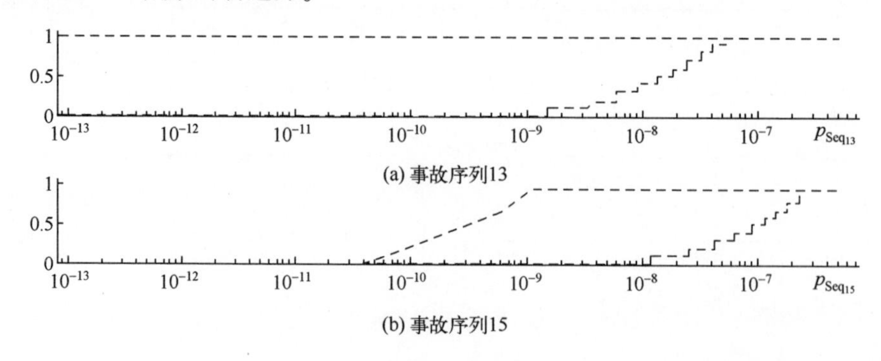

(a) 事故序列13

(b) 事故序列15

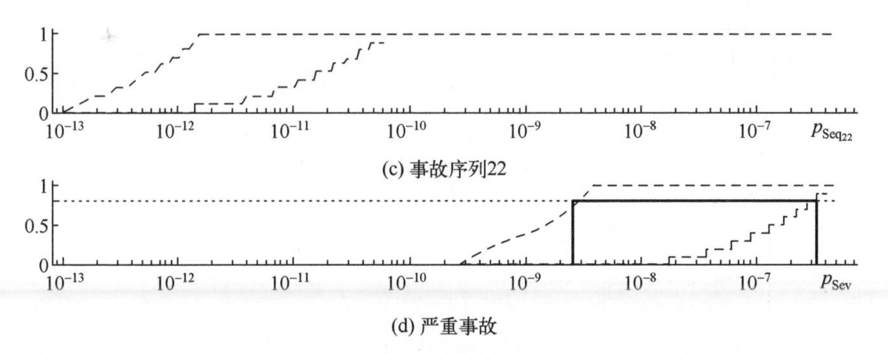

(c) 事故序列22

(d) 严重事故

图 10.9 通过图 10.8 的可能性分布得到的信度 Bel([0,u))和似然度 Pl([0,u))测度，0.8 可信度水平上限的可能取值区间也相应给出(Baraldi 和 Zio,2008)

10.7 结果比较

由纯概率方法得到的累积分布同分别由纯可能性方法以及混合方法得到的信度和似然度测度的比较结果如图 10.10 ~图 10.13 所示。

10.7.1 结果比较

10.7.1.1 混合方法同纯概率方法结果的比较

在事故序列 22 概率的计算中,其特点是输入参数的不确定性只能通过概率分布表示,因此通过混合方法和概率方法得到的结果几乎重合。图 10.12 中纯概率方法得到的累积分布同混合方法得到的信度和似然度测度之间微小的差异是由抽样次数 M 的不同造成的。在概率方法估计中,$M=10^5$,而在混合方法估计中 $M=10^4$。

事故序列 13 概率的计算的特点在于人为错误为主导的事件 X_{C_2}。鉴于分析者将为 1 的可能性程度分配给 0.1~1 所有的发生概率上,对事故序列 13 发生概率的了解受限于大量的非精确。在混合方法中,事故序列 13 发生概率中大量的非精确反映了可能性输入量的不确定性。例如,根据将信度测度和似然度测度作为概率下界和概率上界的解释,$p_{\mathrm{seq}13}<1\times10^{-13}$ 的概率取值范围为 0~1(集合[0.1 · 10^{-13})的信度测度和似然度测度)。而在纯概率方法中,情况则完全不同,在这里首先要将 X_{C_2} 发生的频率概率的可能性分布转化为概率密度函数的形式。这种转化意味着,例如,X_{C_2} 发生概率的取值大于 0.99 的概率等于 0.11(与此同时其可能性为 1)。这会直接导致$p_{\mathrm{seq}13}<1\times10^{-13}$ 发生概率的取值非常小(0.005)。

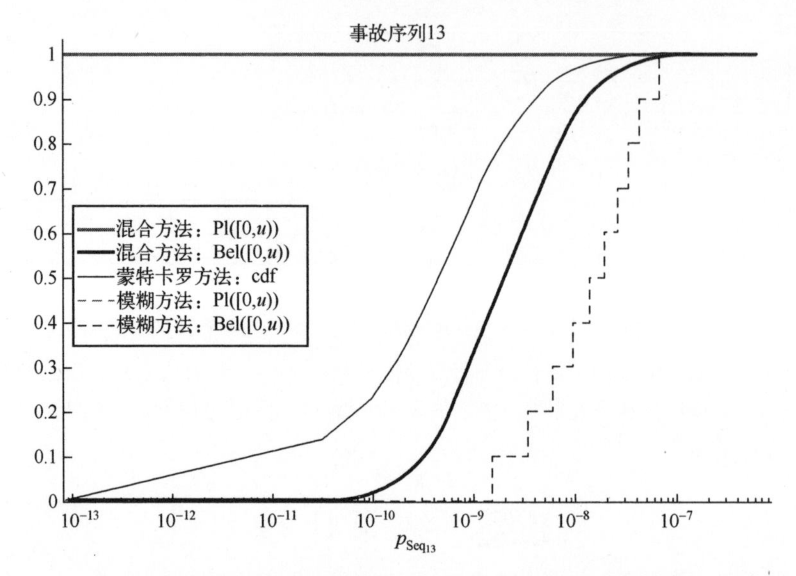

图 10.10　通过纯概率方法得到的事故序列 13 发生概率的累积分布同通过纯可能性方法及混合方法得到的事故序列 13 发生概率的信度测度和似然度测度，即 Bel([0, u)) 和 Pl([0, u)) 的比较(本图中纯可能性方法及混合方法得到的似然度和信度测度完全重合)(Baraldi 和 Zio, 2008)

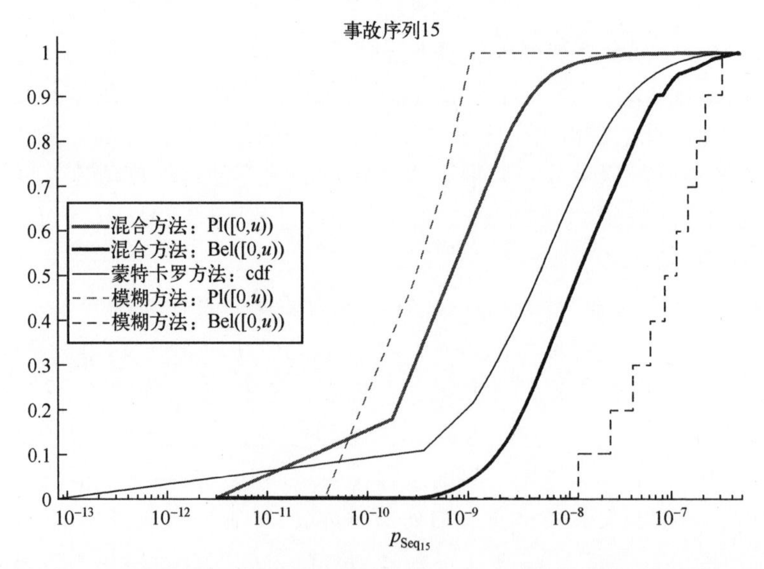

图 10.11　通过纯概率方法得到的事故序列 15 发生概率的累积分布同通过纯可能性方法及混合方法得到的事故序列 15 发生概率的信度测度(较低的曲线)和似然度测度(较高的曲线)，即 Bel([0, u)) 和 Pl([0, u)) 的比较(Baraldi 和 Zio, 2008)

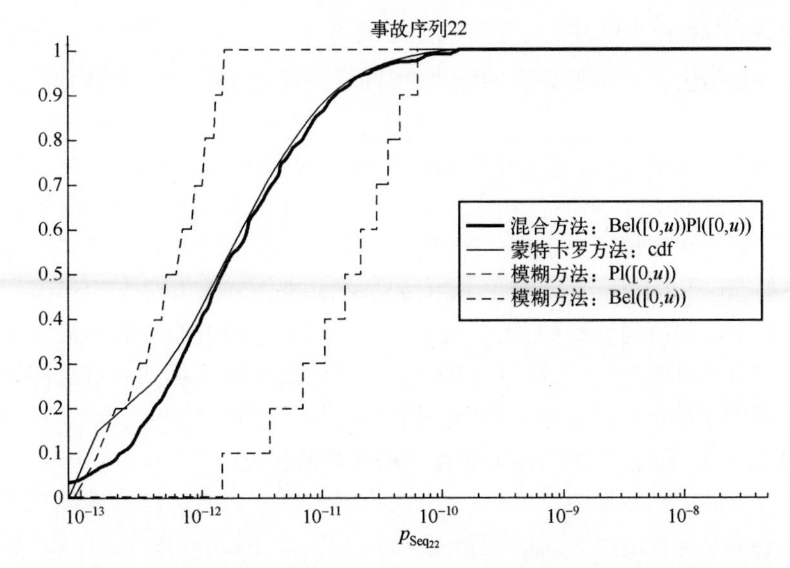

图 10.12　通过纯概率方法得到的事故序列 22 发生概率的累积分布同通过纯可能性方法及混合方法得到的事故序列 22 发生概率的信度(较低的曲线)和似然度测度(较高的曲线),即 Bel([0,u))和 Pl([0,u))的比较(Baraldi 和 Zio,2008)

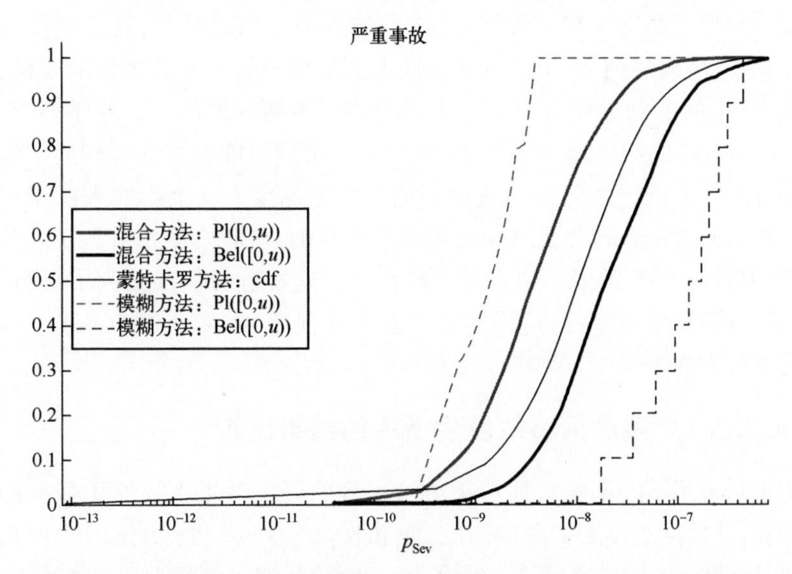

图 10.13　通过概率不确定性传播方法得到的严重事故发生概率的累积分布同通过纯可能性方法及混合方法得到的严重事故发生概率的信度测度(较低的曲线)和似然度测度(较高的曲线)Bel([0,u))和 Pl([0,u))的比较(Baraldi 和 Zio,2008)

事故序列 15(图 10.11)的情况是介于事故序列 13 和事故序列 22 的情况

之间的,在事故序列 15 中,人为错误主导的事件 X_{C_2} 发生过程中不确定性的传播仍会导致信度和似然度测度的分离,但同事故序列 13 相比,这种分离的程度比较低。

总结上述结果比较,如果至少有一个输入参数是采用可能性分布描述的(事故序列 13 和 15),则混合方法可以通过部分分离来源于概率变量和可能性变量的不确定性实现不确定性的传播;这种分离在事故序列概率的输出分布中是可见的,其中 Bel([0,u])和 Pl([0,u])之间的分离是由对人为错误主导的事件了解中的非精确导致的,而纯概率方法得到的输出分布中的不确定性却是由累积分布的斜率表示。进一步,注意到通过纯概率方法得到的事故序列发生概率的累积分布介于混合方法得到的信度和似然度测度之间。

10.7.1.2 混合方法同纯可能性方法结果的比较

在所有的仿真案例中,纯可能性方法得到的信度和似然度测度都要比蒙特卡罗和概率混合方法得到的信度和似然度测度(图 10.10~图 10.13)的分离程度更高。这是因为,事实上,纯可能性方法中所有的输入概率都是采用可能性分布描述的,而在混合方法中,只有人为错误主导的事件发生的频率概率是用可能性分布描述的。特别地,注意到在事故序列 22 的仿真中,这两种方法得到的信度与似然度测度比在事故序列 13 的仿真中得到的结果,其差别要更加的明显。其中,事故序列 22 中的不确定性主要来源于硬件失效主导的事件,而事故序列 13 中的不确定性主要来源于人为错误主导的事件。事故序列 15 发生概率(图 10.11)的特点是对小于 2×10^{-10}的 u,由纯可能性方法得到的似然度测度 Pl([0,u])要低于由混合方法得到的似然度测度。这个影响来源于在从对数正态概率密度函数转化为三角形可能性分布的过程中,原始对数正态分布中低于 5%和高于 95%的概率值都被忽略掉了。这种近似仅仅是为了进行比较,但从风险分析的角度来看,这样的近似并不够保守,或许在未来可以采用更为严格的近似方式。

10.7.2 严重后果事故发生概率的结果比较

为了对采用不同不确定性传播方法得到的严重后果事故发生概率的结果做出解释,从信度测度和似然度测度,即 Bel([0,u])和 Pl([0,u])中取出了可信区间。例如,由表 10.3 可知,混合方法得到的 95%单侧上限的取值在区间(3.78×10^{-8},1.95×10^{-7})内。其上界 1.95×10^{-7}仅比采用纯概率方法得到的单侧上限(1.09×10^{-7})略高,而采用纯可能性方法得到的区间(3.84×10^{-9},4.00×10^{-7})则要明显更大一些。

对于混合方法,显然事故序列/严重事故发生概率单侧上限的取值区间大小仅仅取决于对人为错误主导的事件了解的认知不确定性。因此,若风险分析师对降低单侧上限估计中的非精确感兴趣,他(她)应该努力降低与人为错误主导的事件发生概率性质有关的非精确。

表 10.3　严重事故发生概率 95%单侧上限的不确定性表征

单 侧 上 限	95%
混合方法	$(3.78\times10^{-8}, 1.95\times10^{-7})$
纯概率方法	1.09×10^{-7}
纯可能性方法	$(3.84\times10^{-9}, 4.00\times10^{-7})$

第 11 章　工业生产活动的后果评价时不确定性的表征和传播

本章中，将考虑不良事件后果分析中的不确定性表示和传播问题，其中的应用示例部分参见 Ripamonti 等人（2012）和 Ripamonti 等人（2013）。

11.1　不良事件的后果评估

任何风险分析的基本问题之一是评估与被调查项目或活动相关的不良事件的后果。这需要查明、描述和评估所有直接和间接影响，例如，对于人类、动物和植物、土壤、水、空气、气候、景观、物质资产的影响。

在这方面，目前的欧盟条例要求对可能对环境产生重大影响的所有项目进行环境影响评估（Environmental Impact Assessment，EIA）。在本章中，考虑一个负责扩散大气污染物的新设施。对于这种项目，EIA 包括以下几个主要步骤。

（1）污染源的表征：根据污染物的性质和数量估算工厂运行所产生的大气排放。

（2）使用适当的大气扩散模型估算新设施附近区域的大气污染物浓度水平。

（3）评估接收点处的污染物浓度水平，即在现有本地污染浓度水平上叠加估计的浓度水平。

EIA 程序的这 3 个步骤所涉及的不确定性可能源自它所涉及的物理过程的随机性或者源自用于描述它们的模型参数的精确知识的缺乏。

11.2　示例研究

在本示例研究中，考虑一个新的废弃物气化工厂的项目。最终目标是评估工厂周围烟囱排放的二噁英/呋喃（PCDD / Fs）的长期浓度。

可以通过将质量流率 Q 乘以大气扩散因子 DF 计算 PCDD/Fs 的年平均空气浓度 C_{air}，其中，Q 量化了释放到大气中的 PCDD/Fs 的质量流率，DF 量化了质量流率的环境浓度：

$$C_{air} = Q \cdot \mathrm{DF} \tag{11.1}$$

测量单位为：$C_{air}(\mathrm{fg} \cdot \mathrm{m}^{-3})$、$Q(\mathrm{ng} \cdot \mathrm{s}^{-1})$ 和 $\mathrm{DF}(\mathrm{fg} \cdot \mathrm{m}^{-3}/\mathrm{ng} \cdot \mathrm{s}^{-1})$。由于排放的气体稀释程度取决于与烟囱的距离，所以 C_{air} 和 DF 实际上是空间相关的。我们所研究的区域通常被描述为一个以烟囱为中心的笛卡儿网格，则 C_{air} 和 DF 在这个区域中的接收点处取得不同的值，即 $C_{air}(x,y)$ 和 $\mathrm{DF}(x,y)$。式(11.1)中，大气中的 PCDD/Fs 的质量流率 Q 的计算基于工厂废弃物日产量 $T(\mathrm{Mg} \cdot 天^{-1})$、排放废气中的 PCDD/Fs 浓度 $C_D\ (\mathrm{ng} \cdot \mathrm{m}^{-3})$ 及特定产气量 $V_F(\mathrm{m}^3 \cdot \mathrm{Mg}^{-1})$：

$$Q = \frac{T \cdot C_D \cdot V_F}{3600 \times 24} \tag{11.2}$$

其中 PCDD/Fs 浓度以在通常条件(0℃，101.3kPa)下每单位气体体积的等效毒性质量表示，并且保持一致，特定气体的产生条件指的是相同的温度和压力条件(Van den Berg 等，1998；US EPA，2005)。

通过使用 ISCST3 模型(US EPA，1995)模拟工厂周围环境中排放的 PCDD/Fs 的大气输送和扩散，我们计算了式(11.1)中的扩散因子 DF。局部气象条件(风速和方向、环境空气温度、大气稳定性)、污染源特征(烟道高度、烟道气速度和温度、污染物质量流量)和该地区的地理特征(地形、海拔、土地利用)是扩散模型的基本输入数据。ISCST3 模型的输出是二维的描述对所研究地域工厂周围地面浓度数据的贡献。由于在该模型中，输出浓度与排放流速成线性关系，所以可以通过对质量流率($1\mathrm{ng} \cdot \mathrm{s}^{-1}$)的模型进行仿真来评估扩散因子 DF。基于每小时测定的本地气象数据，我们对以工厂为中心的笛卡儿网格的 1681 个节点(250m 单元间距)进行了一年的模型仿真，得到了式(11.1)中用于评估 PCDD/Fs 的年平均浓度的扩散因子 DF 值。

排放模型的输入参数(式(11.2))的叙述如下。

(1) 工厂的废弃物日产量 T 是一个常数参数，其值是在项目设计期间分配的；对于本示例中的工厂，T 已设置为 900 $\mathrm{Mg} \cdot 天^{-1}$。

(2) PCDD/Fs 的浓度 C_D 是不确定的参数，其值在正常气化操作期间由于过程参数的波动以及废弃物异质和可变的组成成分而发生变化。

(3) 特定产气量 V_F 是不确定的参数。虽然其值通常在工厂设计阶段设定，但由于废弃物异质和可变的组成成分的影响，V_F 可能会在工厂作业期间由于废弃物所含能量的波动而发生变化。

应用 11.1(简单描述)

输入不确定量:

- 排放烟气中的 PCDD/Fs 浓度,C_D
- 特定产气量,V_F
- 大气扩散因子,DF

输出量:

- PCDD/Fs 的年平均空气浓度值,C_{air}

模型:

- $C_{air}=Q\cdot \mathrm{DF}$,其中 $Q=\dfrac{T\cdot C_D\cdot V_F}{3600\times 24}$

输入值的不确定性类型:

- C_D 和 DF 受认知不确定性影响;
- C_D 和 DF 受随机不确定性影响。

不确定性传播设置:

- 1 层不确定性传播。

11.3 不确定性的表征

由于废弃物气化过程的应用很有限,因此不能获得在类似工厂的作业期间收集的关于 C_D 和 V_F 值的大量数据。然而,不同研究人员对废弃物气化工厂的污染排放开展了研究,参见 Klein (2002);Yamada、Shimizu 和 Miyoshi (2004);Porteous (2005);生物能源生产协会 (2009);Arena (2012)。从这些研究中,人们得到了 35 个 C_D 的值和 4 个 V_F 的值。由于 C_D 的平均值在统计上是显著的,这样可以用概率分布表示该模型参数的不确定性。我们考虑对数正态分布、威布尔分布、β 分布和逻辑分布进行了 Kolmogorov-Smirnov 检验,以便适当地选择能够最佳表示 35 个 C_D 数据的概率分布。图 11.1 所示为所选的 β 分布的概率密度函数,其参数为 $\alpha=0.36$、$\beta=1.32$,最大值为 0.07ng · m^{-3}。

相反,对于 V_F,可用的信息(4 个文献中提供的值及示例的设计值)非常少。这促使我们使用可能性分布描述该参数的认知不确定性。在本章中,使用一个范围为[3360,6670]($m^3\cdot Mg^{-1}$)的三角形可能性分布,对应于文献中提供的 4 个值的最大和最小值,分布中最可能的值等于案例的设计值(图 11.2)。

另外,式(11.2)中 DF 的模型预测值是不确定的量,它受到如下因素影响。

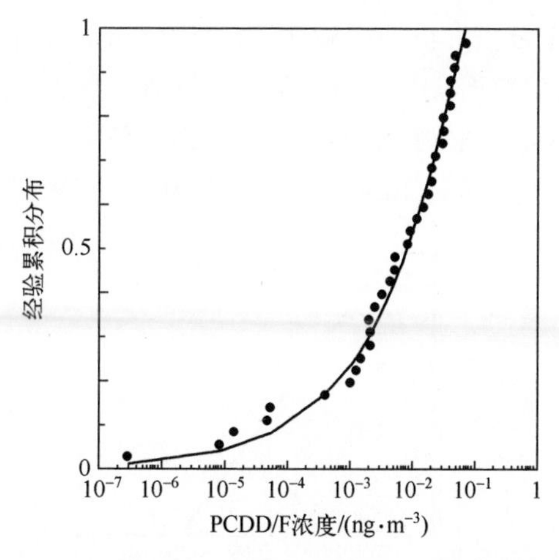

图 11.1　用于评估 PCDD/Fs 浓度 C_D 的数据经验累积分布函数及用于拟合数据的 β 分布(Ripamonti 等人,2013)

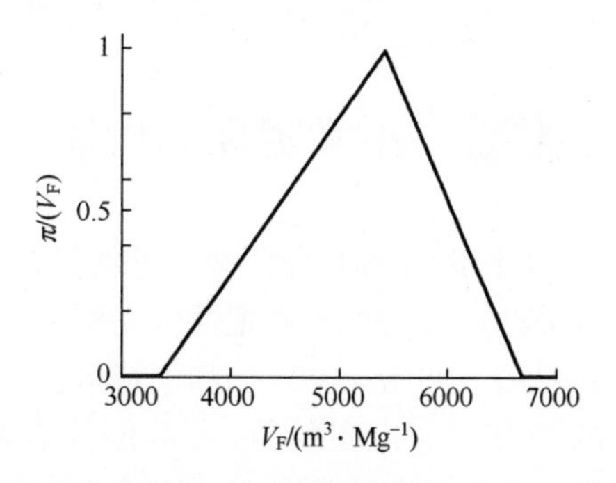

图 11.2　特定产气量 V_F 的可能性分布(Ripamonti 等人,2013)

(1) 输入参数(如气象变量和污染源特征)的自然分散性;

(2) 度量误差;

(3) 由于捕获大气行为的困难造成的模型误差(Sax 和 Isakov,2003; Rao,2005)。

为简化起见,忽略模型不确定性,则 DF 值主要受气象输入参数的分散性影响。这里,通过考虑 10 个不同年份的当地气象数据,并通过单独模拟每个输入数据集的扩散模型来间接地估计 DF 中的不确定性。因此,在计算域中为每个网格模式估计了 10 个年度 DF 值。

为了更好地说明,在不确定性传播中仅考虑一个网格点,即受到工厂排放影响最大的接收点(x_M,y_M),也就是说,选取了 10 个年度 DF 值中具有最大平均值的网格节点。

同样在这种情况下,由于可用数据集很小,我们使用可能性分布描述 DF(x_M,

y_M)的不确定性。基于分析人员的判断,用一个梯形可能性分布来建模(图 11.3)。其最小值等于 0;核心的范围从 5.69×10^{-3} 到 4.19×10^{-2} fg · m^{-3}/ng · s^{-1},范围两端即 10 个 DF 的估计值的最小值和最大值。分布的最大值等于 0.21fg · m^{-3}/ng · s^{-1},这是假设在最坏的天气下进行 10 年的大气扩散获得的 DF 的值。

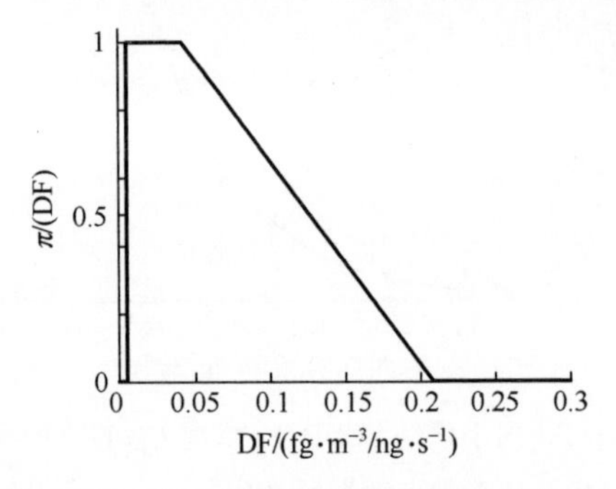

图 11.3　用于表示扩散因子 DF 的不确定性的梯形可能性分布(Ripamonti 等人,2013)

11.4　不确定性的传播

在本章中,采用 6.1.3 节介绍的混合概率—可能性的不确定性传播方法,将模型输入量 C_D、V_F 和 DF(x_M,y_M)的不确定性传递到模型输出 C_{air}。为了实现不确定性的传播,选用参数 C_D 的 M=1000 次的蒙特卡罗仿真值,以及可能性变量 V_F 和 DF(x_M,y_M)的 21 个 α-截集的值(α 的值在 0 和 1 之间变化,步长 0.05)。M 值的选取和 α-截集的数量与第 10 章示例的相同。

11.5　结　　果

在 EIA 过程中,结果通常以该区域受影响最大的接收点处的 PCDD/Fs 年平均值的分布的分位数的形式表达。从不确定性传播方法获得的信息整理在表 11.1 中,该信息在先前的应用中由集合[0,u]的信度和似然度曲线表示。在混合概率—可能性方法中,该区域受影响最大的接收点处的 PCDD/Fs 年平均值的 0.95 分位点本身就是一个不确定量,它的真值落在区间[1.15×10^{-2},5.65×10^{-1}]fg · m^{-3} 内,其中这两个端点值就是 Bel([0,u])和 Pl([0,u])分布的 0.95 分位点。

表 11.1　PCDD/Fs 的环境空气浓度估计值 $C_{air}(x_M, y_M)(fg \cdot m^{-3})$：纯概率方法与混合概率—可能性方法得到的分位点值比较

方　　法	分　位　点		
	0.5	0.75	0.95
纯概率方法	2.4×10^{-2}	8.5×10^{-2}	2.8×10^{-1}
混合概率—可能性方法	$[9.6\times10^{-4}, 7.5\times10^{-2}]$	$[3.7\times10^{-3}, 2.3\times10^{-1}]$	$[1.2\times10^{-2}, 5.7\times10^{-1}]$

11.6　与使用纯概率方法所获得的结果的比较

为了应用纯概率方法，用于表示 V_F 与 $DF(x_M, y_M)$ 的不确定性的可能性分布需要根据式(10.3)转化为概率分布。然后，要应用 6.1.1 节中介绍的蒙特卡罗过程，其中 $M=10000$ 个样本，来源于 3 个不确定量对应的概率密度函数。表 11.1给出了纯概率方法和混合概率—可能性方法得到的不同分位点的 C_{air} 值：前者的值都落在后者的区间以内；$Bel([0,u))$ 和 $Pl([0,u))$ 之间的距离随着分位点的增加而增加。注意到，对每个考虑的分位点而言，似然度测度和信度测度之间的差距都在 1～2 个数量级范围内。因此，可以得出结论，即 V_F 和 DF 参数的不确定性显著影响地面浓度的估计值。从这方面讲，混合概率—可能性方法将不同不确定性的贡献分开描述，而得到的结果能够清晰地描述出知识的缺乏对输入参数的影响。这是一个很好的特点，可以为我们提供更多的透明的有价值的输出，同时也有助于随后的健康风险评估的计算。

值得注意的是，通过传统的确定性方法，选取大气扩散能力最好和最不利的年份，得到的所选接收点的浓度估计值分别为 $0.03fg \cdot m^{-3}$ 和 $0.24fg \cdot m^{-3}$，这与之前方法的差别几乎是一个数量级的幅度。这意味着，在分析者对模型仿真过程中使用的参考年进行任意选择的情况下，仅仅基于通常应用的一年仿真结果的传统确定性方法可能导致过于谨慎或非保守的估计。因此，对于确定性计算方法，建议对天气模型仿真或多年情况建模所选年份的代表性进行初步评估。

需要注意的是，纯概率方法和混合概率—可能性方法都是在参数 C_D 和 V_F 独立性的简化假设条件下应用的，虽然它们应该是在某种程度上相关的。

第 12 章　制炼厂风险评估时不确定性的表征和传播

本章的内容主要基于 Aven 和 Kvaløy（2002）。

12.1 引　言

在本章中，使用一个简单的风险分析示例作为出发点来讨论如何应用贝叶斯方法进行风险分析并寻找实际解决方案。在本章中，主要考虑在决策环境下的风险分析，例如，在拥有少量相关背景信息的项目规划阶段。

12.2 示例描述

本章以海上油气平台的制炼厂为例：将与压缩机模块中控制室操作相关的风险从工厂的整体风险分析中分离出来，单独分析研究。该控制室由两个人共同操作。进行该研究的目的是评估运营商面对模块中可能发生火灾和爆炸的风险，并评估实施降低风险措施的效果。基于研究结果，将决定是否将控制室移出模块或实施一些其他降低风险的措施，目前认为该项目的风险太高，但是管理层又不能确定如何安全经济地解决这项问题。为了合理地进行决策，决定对该项目进行风险分析。为了简化问题，假设分析基于如图 12.1 所示的事件树。

事件树模拟了在一段时间（如 1 年）期间制炼厂中可能发生的气体泄漏。气体泄漏事件又称为始发事件，始发事件 A 的数目用 X 表示。如果发生始发事件 A，则可能导致的故障数为 N：其中，如果事件 B_1 和 B_2 同时出现，则 $N=2$；如果事件 B_1 出现而事件 B_2 不出现，则 $N=1$；如果事件 B_1 不发生，则 $N=0$。可以

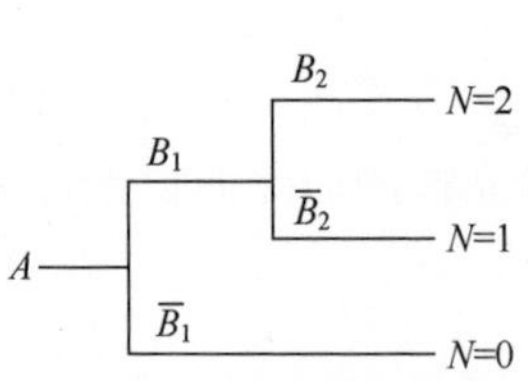

图 12.1　事件树示例

认为事件 B_1 表示气体的点燃,事件 B_2 认为是爆炸。死亡总数用 Y 表示。下面分别在 12.3 节和 12.4 节介绍 2 层分析和 1 层分析。

12.3 "教科书"贝叶斯方法(2 层分析)

在本节中,将使用贝叶斯方法来解决 12.2 节中提出的问题。首先介绍计算方法,然后讨论计算方法所获得结果的具体含义。

令 K 表示对问题所掌握的背景知识,即与问题相关的各种信息。这些信息的来源可能多种多样,例如,来自类似情况的普遍的信息,或多或少类似情况的历史数据,专家判断等。整个分析都是以基于背景知识展开的。

首先确定问题的概率模型,包括未知的可观测量的概率分布及其参数。

第一步,考虑始发事件的数量 X,通常选择使用参数为 λ 的泊松分布,其中概率质量函数为

$$p(x \mid \lambda)=P(X=x \mid \lambda)=\frac{\lambda^x}{x!}e^{-\lambda} \tag{12.1}$$

第二步,可以用伽马分布确定先验主观概率分布 $h(\lambda \mid K)$。在这种情况下,伽马分布作为先验分布具有良好的数学性质,因为伽马分布是共轭分布。共轭分布是指先验分布和由其导出的后验分布(后面讨论)具有相同分布类型的分布。详细的内容参见 Bernardo 和 Smith (1994)。

第三步,定义 $\theta_1=P(B_1 \mid A)$ 和 $\theta_2=P(B_2 \mid A)$。然后,有

$$\begin{cases}P(N=2 \mid A,\theta_1,\theta_2,K)=P(N=2 \mid A,\theta_1,\theta_2)=\theta_1\theta_2\\P(N=1 \mid A,\theta_1,\theta_2,K)=P(N=1 \mid A,\theta_1,\theta_2)=\theta_1(1-\theta_2)\\P(N=0 \mid A,\theta_1,\theta_2,K)=P(N=0 \mid A,\theta_1,\theta_2)=1-\theta_1\end{cases} \tag{12.2}$$

先验主观概率分布 $h(\theta_1 \mid K)$ 和 $h(\theta_2 \mid K)$ 可以用β 分布确定。注意,应该使用联合先验分布 $h(\lambda,\theta_1,\theta_2 \mid K)$,但是大多数情况下使用独立分布,即

$$h(\lambda,\theta_1,\theta_2 \mid K)=h(\lambda \mid K)h(\theta_1 \mid K)h(\theta_2 \mid K)$$

死亡总数的条件主观概率分布可表示为

$$\begin{aligned}p(y \mid x,\theta_1,\theta_2)&=P(Y=y \mid X=x,\lambda,\theta_1,\theta_2,K)=P(Y=y \mid X=x,\theta_1,\theta_2)\\&=P(\sum_{i=1}^{x}N_i=y \mid X=x,\theta_1,\theta_2)\end{aligned} \tag{12.3}$$

式中:N_i 为第 i 次始发事件中的死亡数。

计算这个概率原则上是简单的,但是当 x 和 y 较大时,计算是繁琐的。最简单的情况为

$$\begin{cases} P(2 \mid x,\theta_1,\theta_2) = x\,(1-\theta_1)^{x-1}\theta_1\theta_2 + \dfrac{x(x-1)}{2}(1-\theta_1)^{x-2}\theta_1^2\,(1-\theta_2)^2 \\ P(1 \mid x,\theta_1,\theta_2) = x\,(1-\theta_1)^{x-1}\theta_1(1-\theta_2) \\ P(0 \mid x,\theta_1,\theta_2) = (1-\theta_1)^x \end{cases} \tag{12.4}$$

X 和 Y 的联合条件概率分布为

$$p(x,y \mid \lambda,\theta_1,\theta_2,K) = p(x,y \mid \lambda,\theta_1,\theta_2) = p(y \mid x,\theta_1,\theta_2)p(x \mid \lambda) \tag{12.5}$$

等价于

$$p(x,y \mid K) = \iiint\limits_{\theta_1\theta_2\lambda} p(y \mid x,\theta_1,\theta_2)p(x \mid \lambda)h(\lambda,\theta_1,\theta_2 \mid K)\mathrm{d}\lambda\,\mathrm{d}\theta_2\mathrm{d}\theta_1 \tag{12.6}$$

最终,死亡总数的概率分布为

$$p(y \mid K) = \sum_x \iiint\limits_{\theta_1\theta_2\lambda} p(y \mid x,\theta_1,\theta_2)p(x \mid \lambda)h(\lambda,\theta_1,\theta_2 \mid K)\mathrm{d}\lambda\,\mathrm{d}\theta_2\mathrm{d}\theta_1 \tag{12.7}$$

在上述表达式中,$p(x \mid \lambda)$,$p(y \mid x,\theta_1,\theta_2)$,$p(x,y \mid \lambda,\theta_1,\theta_2,K)$ 和 θ_1,θ_2 均可视为机会,即无限可交换序列的极限(见 2.4 节)或者看作以频率建立的概率,作为频率概率。另一方面,$p(y \mid K)$ 作为一个主观概率,既反映了随机条件下随机不确定性又反映了对机会值的认知不确定性。

如果 X 和 Y 的观察值 $z=(x_1,y_1,x_2,y_2,\cdots x_n,y_n)$ 可用,则似然函数为

$$L(\lambda,\theta_1,\theta_2 \mid z,K) = \prod_{i=1}^{n} p(x_i,y_i \mid \lambda,\theta_1,\theta_2,K) \tag{12.8}$$

如果每一个始发事件导致的死亡数是已知的,即 $z=(n_1,n_2,\cdots,n_x)$,那么似然函数可表示为

$$L(\lambda,\theta_1,\theta_2 \mid z,K) = \prod_{i=1}^{x} P(N = n_i \mid \theta_1,\theta_2,A)P(X = x \mid \lambda) \tag{12.9}$$

然后可以使用贝叶斯定理将先验分布更新为后验分布,例如:

$$h(\lambda \mid z,K) \propto L(\lambda,\theta_1,\theta_2 \mid z,K)h(\lambda \mid K) \tag{12.10}$$

其中,比例常数确保后验分布是合适的,即确保它积分为 1。后验分布 $h(\theta_1 \mid z,K)$ 和 $h(\theta_2 \mid z,K)$ 的计算是相似的。

上述不确定性描述是关于 2 层分析的示例。在 12.4 中,考虑 1 层分析,这种分析不再是基于机会的引入,而是使用主观概率直接描述可观测未知量所涉及的不确定性,即关于 X、B_1、B_2 和 Y。

应用 12.1(简单描述)(2 层)

不确定输入变量:

- 始发事件数目,X。
- 分支时间结果,B_1 和 B_2。
- 泊松分布比率参数,λ。

- 事件树分支事件机会，θ_1 和 θ_2。

输出变量：

- 死亡数，Y。

模型：

- 见式(12.7)。

评估涉及死亡数 Y 的概率分布的计算。

输入量的不确定性类型：

- 随机不确定性：X，B_1 和 B_2。
- 认知不确定性：λ，θ_1 和 θ_2。

不确定性传播设置：

2 层。

12.4 另一种基于主观概率的方法(1 层分析)

在本节中考虑相同的事件树示例。重点考察死亡人数 Y。为了预测这个数量并评估不确定性，本节使用一个确定性模型即事件树，如图 12.1 所示。在给定模型的条件下，不确定性与可观测的数量和事件相关，即与 X、A 和 B 相关。因此，需要评估这些数量的不确定性。

第一步，评估 X 的不确定性。希望预测 X 并评估不确定性。假设与所分析的情景“类似”情景的数据是可用的，并且为了简单起见，假设数据具有 x_1，x_2，…，x_n的形式，其中 x_i 是一年中的始发事件的数目，并且这些数据被认为与正在研究的情况相关。

这些数据允许仅仅通过使用观察值 x_1，x_2，…，x_n的平均值 $\bar{x}$ 进行预测。但是，这种预测的不确定性是多少呢？应该如何表达与 X 以及与 X 的预测相关的不确定性？假设 $n=5$ 时有 x_1，x_2，…，x_n是 1，1，2，0，1，其均值为 1。在这种情况下，有相当强的背景信息，建议使用平均值为 1 的泊松分布作为 X 的不确定性分布。如何为这个不确定性分布“辩护”？如果这种分布反映了对 X 的不确定性，那么这是合理的。这是一个主观的概率分布，没有必要进一步的解释。但是，在给定背景信息的条件下假设泊松分布具有特征参数为 1 是否合理呢？注意到这个分布的方差不大于 1。于是通过使用这种分布，超过 99%的值小于等于 4。

采用上述的普遍的贝叶斯思想，使用具有均值为 1 的泊松分布，意味着没

有考虑参数 λ 的不确定性。而 λ 常表示考虑无限数量的可交换的随机量,代表与正在分析的系统相似的系统的长期平均故障数。根据贝叶斯理论,忽略 λ 的不确定性会给出误导性的,过于精确的关于 X 的评估结果(Bernardo 和 Smith, 1994,第 483 页)。如果我们在标准贝叶斯设置下工作,考虑无限数量的可交换的随机量,这种推理当然是有效的。然而,在给定示例中,只有一个 X,所以如何通过类比无限可交换序列得到 X 的数量呢? 事实上,给定观察值 $x_1, x_2, \cdots, x_5$ 时,选择均值为 1 的泊松分布实际上是合理的。

假设将时间$[0,T]$分成 k 份,每份长度为 T/k,k 可取为 1000。因此可以忽略在一个时间段中发生两个事件的可能性,并且在第一时间段中分配 $1/k$ 的事件概率,正如我们预测一个事件发生在整个区间$[0,T]$中,假设有与 $i-1$ 个时间段相关的观测值。然后对于下一个时间段,仍然可以使用以上观察结果,因为均值被视为独立的并且忽略了可用的信息。平衡先验信息和观测值的自然方式是分配$(d_i+1\times n)/((i-1)+nk)$的事件概率,其中,$d_i$ 表示在$[0,T(i-1)/k]$时间段内发生事件的总数,即分配的概率等于每单位时间发生的事件的总数。事实证明,该赋值过程给出了 X 的近似泊松分布,这可以通过使用蒙特卡罗仿真展现。图 12.2 所示为从上述设置的蒙特卡罗仿真中采用 10000 次抽样,以及均值为 1 的泊松分布的结果。

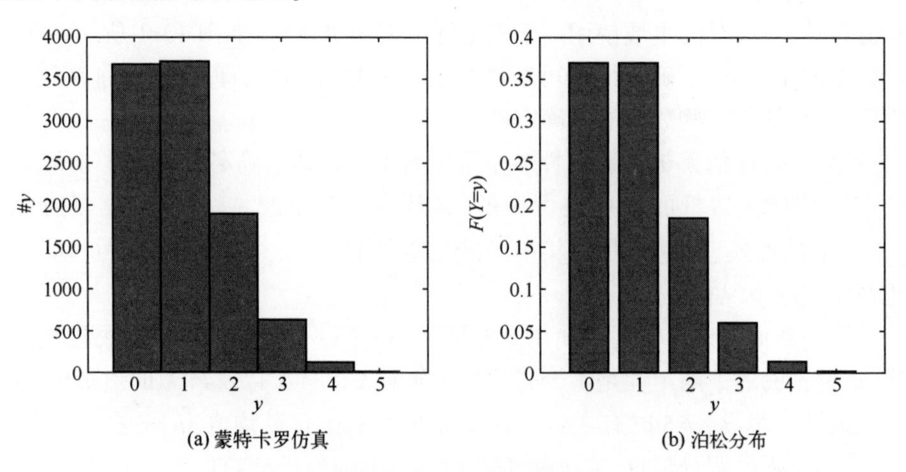

(a) 蒙特卡罗仿真　　(b) 泊松分布

图 12.2　蒙特卡罗仿真直方图和泊松分布

只要通过背景信息可以进行一段时间内发生的事件数量的不确定性评估,使用泊松分布就是合理的。因此,从实际的角度来看,使用具有均值为 1 的泊松分布是没有问题的。虽然没有超过一或两年的观察值,上述推理为泊松分布提供了合理的"辩护"。

此外,这种泊松近似可以通过完全贝叶斯分析中研究 X 的预测分布的方法估计,并假设 $x_1,x_2,\cdots,x_5$是在给定均值 λ 和对 λ 有先验分布的泊松分布的观察值。在只关注可观测量的情况下,Barlow (1998,第 3 章) 提出了实现此目的的过程。在这个过程中,基于子区间中事件数目的条件概率的精确计算可以在给定整个区间中观察到的事件数目的条件下采用多项式分布来构建泊松分布。

注意,对于使用 k 个时间段的直接分配过程,观察值 $x_1,x_2,\cdots,x_5$是背景信息的一部分,这意味着该过程不涉及数据的任何建模过程。相比之下,标准的贝叶斯方法要求用来自均值为 1 的泊松分布的观察值 $x_1,x_2,\cdots,x_5$来建模。

我们认为,均值为 1 的泊松分布可以用来描述本示例中考虑来自分析人员关于 X 的不确定性。背景信息十分充足。那么,现在考虑变量 B_1 和 B_2 的不确定性。

对于这些事件,只需要分配两个概率:$\theta_1=P(B_1 \mid A,K)$ 表示与发生点火有关的主观不确定性;$\theta_2=P(B_2 \mid A,K)$ 表示我们对点火爆炸的不确定性。概率分配的基础是"过硬"的数据和专家意见。这些概率不是"真正的潜在概率"或限制在 0—1 区间内的事件频率,它们仅代表关于可观测事件 B_1 和 B_2 的主观不确定性,表示为概率。这不同于贝叶斯分析中的常见方法,其中通常规定了表示关于 θ_1 和 θ_2 的"真实值"的不确定性的先验分布。为什么当我们可以很容易地仅仅通过 θ_1 和 θ_2 对会导致发生什么的不确定性进行评估时,要引入这些假设的限制数量和相关的先验分布呢?

下面介绍如何使用概率方法来计算预测的死亡数 Y 的不确定性分布。这种分布现在可直接表示为

$$p(y \mid K)=\sum_x p(y \mid x,\theta_1,\theta_2)p(x \mid K) \tag{12.11}$$

式中:$p(x \mid K)$表示 X 的不确定性分布。

将式(12.11)与式(12.7)比较,可以发现式(12.11)省去了 θ_1 和 θ_2 的先验分布从而简化了计算。

因此,分析的最终产物仅仅是式(12.11)的预测不确定性分布,从而表示对 Y 未来取值的不确定性,并且没有进一步设计"不确定性的不确定性"。关于"顶层"变量 Y 的不确定性分布,首先在更"详细的级别"上关注可观测量,即本示例中的 X,B_1 和 B_2。在建立这些的不确定性分布后,使用概率演算将其传播到顶层变量 Y 的不确定分布上。

在实际情况下,问题是应该采用哪种方法:1 层还是 2 层分析?为了回答这个问题,就需要弄清楚关键变量。如果变量形式为频率概率,则应该采用概率模型方法即用频率概率方法(2 层分析)。如果不清楚关键变量是什么,需要弄清楚以下问题:可以系统地纳入所掌握的新信息的框架是很重要的吗?如果答案是肯定的,那么应该采纳频率概率方法,因为频率概率是合理的。在所有其

他情况下,应采用 1 层分析。更多详细阐述参见 Aven(2012)。

应用 12.2(简单描述)(1 层)

输入不确定变量:

- 始发事件数目,X。
- 分支时间结果,θ_1 和 θ_2。

输出变量:

- 死亡数,Y。

模型:

见式(12.11),评估涉及死亡数的概率分布的计算。

输入量的不确定度类型:

- 认知不确定性,X,B_1 和 B_2。

不确定性传播设置:

- 1 层。

第三部分　参考文献

Ardillon, E. (2010) SRA into SRA: Structural Reliability Analyses into System Risk Assessment, Det Norske Veritas, Høvik, Oslo, pp. 81-108.

Arena, U. (2012) Process and technological aspects of municipal solid waste gasification: a review. Waste Management, **32**, 625-639.

Aven, T. (2012) On when to base event trees and fault trees on probability models and frequentist probabilities in quantitative risk assessments. International Journal of Performability Engineering, **8** (3), 311-320.

Aven, T. and Kvaløy, J. T. (2002) Implementing the Bayesian paradigm in practice. Reliability Engineering and System Safety, **78**, 195-201.

Baraldi, P. and Zio, E. (2008) A combined Monte Carlo and possibilistic approach to uncertainty propagation in event tree analysis. Risk Analysis, **28**, 1309-1325.

Baraldi, P., Zio, E., and Popescu, I. C. (2008) Predicting the time to failure of a randomly degrading component by a hybrid Monte Carlo and possibilistic method. International Conference on Prognostics and Health Management (PHM 2008).

Baraldi, P., Popescu, I. C., and Zio, E. (2010a) Methods of uncertainty analysis in prognostics. International Journal of Performability Engineering, **6**, 303-331.

Baraldi, P., Popescu, I. C., and Zio, E. (2010b) Methods for uncertainty analysis in the reliability assessment of a degrading structure, in SRA into SRA: Structural Reliability Analyses into System Risk Assessment (ed. E. Ardillon), Det Norske Veritas, Høvik, Oslo, pp. 81-108.

Baraldi, P., Compare, M., and Zio, E. (2012) Dempster-Shafer Theory of Evidence to handle maintenance models tainted with imprecision. 11th International Probabilistic Safety Assessment and Management Conference and the Annual European Safety and Reliability Conference (PSAM11 ESREL 2012), vol. 1, pp. 61-70.

Baraldi, P., Compare, M., and Zio, E. (2013a) Maintenance policy performance assessment in presence of imprecision based on Dempster - Shafer Theory of Evidence, Information Sciences. doi: 10.1016/j.ins.2012.11.00.

Baraldi, P., Compare, M., and Zio, E. (2013b) Uncertainty analysis in degradation modeling for maintenance policy assessment. Proceedings of the Institution of Mechanical Engineers, Part O: Journal of Risk and Reliability, **227** (3), 267-278.

Barlow, R. E. (1998) Engineering Reliability, SIAM, Philadelphia, PA.

Bernardo, J. M. and Smith, A. (1994) Bayesian Theory, John Wiley & Sons, Ltd, Chichester.

Bigerelle, M. and Lost, A. (1999) Bootstrap analysis of FCGR: application to the Paris relationship and to lifetime prediction. International Journal of Fatigue, **21**, 299-307.

BioEnergy Producers Association (2009) Evaluation of Emission from Thermal Conversion Technology Processing Municipal Solid Wasteand Biomass. Final report from University of California (CE-CERT), Riverside, CA.

Burmaster, D. E. and Hull, D. A. (1997) Using lognormal distributions and lognormalprobability plots in probabilistic risk assessments. Human and Ecological Risk Assessment, **3** (2), 235-255.

Chatelet, E., Berenguer, C., and Jellouli, O. (2002) Performance assessment of complex maintenance policies using stochastic Petrinets. Proceedings of the European Safety and Reliability Conference (ESREL 2002), Lyon, France, vol. 2, pp. 532-537.

European Union (2000) Directive 2000/76/EC of the European Parliament and of the Council of 4 December 2000 on the incineration of waste. Official Journal, L 332, 28. 12. 2000.

Henley, E. J. and Kumamoto, H. (1992) Probabilistic Risk Assessment, IEEE Press, New York.

Huang, D., Chen, T., and Wang, M. J. (2001) A fuzzy set approach for event tree analysis. Fuzzy Sets and Systems, **118**, 153-165.

International Atomic Energy Agency (2007) IAEA Safety Glossary: Terminology Used in Nuclear Safety and Radiation Protection, IAEA, Vienna. Jeong, I. S., Kim, S. J., Song, T. H. et al. (2005) Environmental fatigue crack propagation behavior of cast stainless steels under PWR condition. Key Engineering Materials, **297-300**, 968-973.

Klein, A. (2002) Gasification: an alternative process for energy recovery and disposal of municipal solid wastes. MS thesis. Columbia University, New York.

Kozin, F. and Bogdanoff, J. L. (1989) Probabilistic models of fatigue crack growth: results and speculations. Nuclear Engineering and Design, **115**, 143-171.

Marseguerra, M. and Zio, E. (2000a) System unavailability calculations in biased Monte Carlo simulation: a possible pitfall. Annals of Nuclear Energy, **27**, 1589-1605.

Marseguerra, M. and Zio, E. (2000b) Optimizing maintenance and repair policies via a combination of genetic algorithms and Monte Carlo simulation. Reliability Engineering and System Safety, **68**, 69 -83.

Marseguerra, M. and Zio, E. (2002) Basics of Monte Carlo Method with Application to System Reliability, LiLoLe-Verlag, Hagen.

Marseguerra, M., Zio, E., and Martorell, S. (2006), Basics of genetic algorithms optimization for RAMS applications. Reliability Engineering and System Safety, **91**, 977-991.

Mustapa, M. S. and Tamin, M. N. (2004) Influence of R-ratio on fatigue crack growth rate behavior of type 316 stainless steel. Fatigue & Fracture of Engineering Materials & Structures, **27**, 31 -43.

Nuclear Energy Research Center (1995) Nuclear power plant 2 operating living PRA. Report (Draft). Tao Yuan, Taiwan.

Papoulis, A. and Pillai, U. (2002) Probability, Random Variables, and Stochastic Processes, 4th edn, McGraw-Hill, New York.

Porteous, A. (2005) Why energy from waste incineration is an essential component of environmentally responsible waste management. Waste Management, **25**, 451-459.

Provan, J. W. (1987) Probabilistic Fracture Mechanics and Reliability, Martinus Nijhoff, Amsterdam.

Pulkkinen, U. (1991) A stochastic model for wear prediction through condition monitoring, in Operational Reliability and Systematic Maintenance (ed. K. Holmberg and A. Folkeson), Elsevier, London, pp. 223-243.

Rao, K. S. (2005) Uncertainty analysis in atmospheric dispersion modelling. Pure and Applied Geophysics, **162**, 1893-1917.

Reliability Manual for Liquid Metal Fast Reactor (LMFBR) Safety Programs (1974) GeneralElectric Company International, Rep. SRD 74-113.

Remy, E., Idée, E., Briand, P., and François, R. (2010) Bibliographical review and numerical comparison of statistical estimation methods for the three - parameters Weibull distribution. Proceedings of the European

Safety and Reliability Conference (ESREL 2010), Rhodes, Greece, pp. 219-228.

Ripamonti, G., Lonati, G., Baraldi, P. et al. (2012) Uncertainty propagation methods in dioxin/ furans emission estimation models. Proceedings of the European Safety and Reliability Conference (ESREL 2011), Troyes, France, pp. 2222- 2229.

Ripamonti, G., Lonati, G., Baraldi, P. et al. (2013) Uncertainty propagation in a model for the estimation of the ground level concentration of dioxin/furans emitted from a waste gasification plant. Reliability Engineering and System Safety, in press.

Ritchie, R. O. (1999) Mechanisms of fatigue-crack propagation in ductile and brittle solids. International Journal of Fracture, **100**, 55 -83.

SAFERELNET: Framework document on maintenance management (2006) http://www. mar. ist. utl. pt/saferelnet/overview. asp.

Sax, T. and Isakov, V. (2003) A case study for assessing uncertainty in local-scale regulatory air quality modelling applications. Atmospheric Environment, **37**, 3481-3489.

US, EPA (1995) User's Guide for the Industrial 1 Source Complex (ISC3) Dispersion Models. US Environmental Protection Agency report EPA-454/B-95-003b.

US, EPA (2005) Human Health Risk Assessment for Hazardous Waste Combustion Facilities. Report EPA/530/R-05/006, US EPA Office of Solid Wastes.

Van den Berg, M., Birnbaum, L., Bosveld, B. T. C. et al. (1998) Toxic Equivalency Factors (TEFs) for PCBs, PCDDs, PCDFs for humans and wildlife. Environmental Health Perspectives, **106**, 775-792.

Yager, R. R. (1996) Knowledge-based defuzzification. Fuzzy Sets and Systems, **80**, 177-185.

Yamada, S., Shimizu, M., and Miyoshi, F. (2004) Thermoselect Waste Gasification and Reforming Process. JFE technical report, no. 3, pp. 20-24.

Zille, V., Berenguer, C., Grall, A. et al. (2007) Modelling and performance assessment of complex maintenance programs for multi-component systems. Proceedings of the 32nd ESReDA Seminar and 1st ESReDA-ESRA Seminar, Alghero, Italy, pp. 127-140.

Zille, V., Despujols, A., Baraldi, P. et al. (2009) A framework for the Monte Carlo simulation of degradation and failure processes in the assessment of maintenance programs performance. Proceedings of the European Safety and Reliability Conference (ESREL 2009), Prague, Czech Republic, pp. 653-958.

Zio, E. (2007) An Introduction to the Basics of Reliability and Risk Analysis, World Scientific, Singapore.

Zio, E. (2009) Reliability engineering: old problems and new challenges. Reliability Engineering and System Safety, **94**, 125-141.

Zio, E. (2012) The Monte Carlo Simulation Method for System Reliability and Risk Analysis, Springer Series in Reliability Engineering, Springer Verlag, Berlin.

Zio, E. andCompare, M. (2011) Asnapshotonmaintenancemodelingandapplications. Marine Technology and Engineering, **2**, 1413-1425.

Zio, E. andCompare, M. (2013) Evaluatingmaintenancepoliciesbyquantitativemodelingand analysis. Reliability Engineering and System Safety, **109**, 53

第四部分　结　　论

第13章 结　论

因为在风险管理的决策过程中存在着很大的不确定性，因此风险评估中如何表示和表征不确定性是十分重要的。为了寻找处理风险评估时的不确定性的通用框架，首先尝试了对不确定性进行概率处理，并在研究过程中不断甄别概率方法的优点和局限性。而后敢于尝试用概率以外的方法描述风险评估中的不确定性，并进一步扩展了相关的概念和方法，这些方法包括基于区间概率、可能性理论和证据理论的方法。这里需要特别指出的是，这些扩展的不确定性分析的框架自然衍生出其相关的风险评估和管理方法。在现有的大多数的关于不确定性分析和表示的文献中，风险都是定义在概率意义下的。例如，Kaplan和Garrick(1981)(Kaplan,1987)提出的经典的三元组定义(s_i, p_i, c_i)；其中，s_i表示第i个情景，p_i表示第i个情景的概率，c_i表示第i个情景的结果($i=1, 2, \cdots N$)，其中，N表示情景的总数。然而，如果风险是用概率定义的，需要理解概率的具体含义。显然，它不能是一个主观的定义，因为寻求一个通用的框架不仅仅包括这种概率类型。因此，概率必须是与频率/倾向相关的概念。但是频率概率无法适用于不可重复的情况，因此也不能将其作为风险评估的通用概念用以解释所有类型的不确定性表示。所以，要摒弃以概率为基础的风险概念，转而探索以不确定性为基础的风险研究。

最常见的风险表述为1.1节中介绍的(C,U)风险表述的方法；其中，风险可理解为活动所导致的(严重)后果C及其不确定性U的二元组合。这种观点与社会学中的一些风险观点有类似之处，即风险等同于后果C或者导致后果C的事件(Rosa,1998,2003;Renn,2005)。虽然风险的定义各有不同，但是对导致风险的因素的描述却基本相似，即后果及其不确定性。

同时，当尝试描述或度量风险时，还需要考虑相关的知识维度。风险通常是用后果C及其不确定性描述(测度)Q描述的，这里的不确定性测度可以是概率测度也可以是其他任何理论下的测度。明确后果C就意味着要识别出一系列与后果C相关的重要事件或变量C'，如死亡数。根据确定C及其不确定性测度Q的原则的不同，可以从不同的角度描述风险。一般来说，可以用(C',Q,K)表示风险，其中，K表示确定C'和分配Q所基于的知识。因此，根据这一定义，风险概念本质上与如何测量或描述风险存在着明显的区别。

当关注危害/威胁/机会时，通常用(A,C,U)替代(C,U)。类似地，用(A',C',Q,K)替代(C',Q,K)描述风险。给定事件A时，脆弱性可定义为$(C,U|A)$。可以看出，脆弱性涵盖了$(C',Q,K|A)$，即给定事件A时的脆弱性基本上等同于基于该事件的风险。

本书认为，这种理解和描述风险的方式涵盖了所有类型的不确定性表示，因此它可以作为风险评估中处理不确定性的基础。在本书中，基于这种对风险的广泛的理解，已经研究了在风险评估背景下代表和处理不确定性的其他方法。本书主要研究了以下5个方向的不确定性表示和处理方法。

(1) 主观不确定性；

(2) 用上/下界表示的非概率方法；

(3) 除了用上/下界表示的非概率方法(如信度、可能度等)；

(4) 概率和非概率的混合表示方法；

(5) 半定量方法。

上述5种方向不是相互排斥的，例如，方向4可以基于方向1和方向2的组合；方向5可以看作是方向4的特殊情况(因为它是基于定量方法，即方向1、2或3和定性评估的组合)。

主观概率是目前处理风险评估中的认知不确定性的最主要的方法。本书已经反思了“概率是完美的”这一观点，并意识到需要进一步扩展风险评估框架，从而可以显示出分析师和决策者之间实际存在的差异。

本书认为，不仅仅需要依赖概率方法才能充分反映在风险评估中的不确定性。本书主要观点(见1.5节)是，尽管概率总是可以在主观概率法下进行分配，但支持分配的信息的来源和数量却不能体现在分配的数字中。

然而，如何超越概率的范畴不是显而易见的。目前，虽然理论上存在很多方法，但是这些方法在实际中却并不好用。因此，必须进行更多的研究，以使这些替代的表示方法变得可用，从而在需要时可以在实践中应用。在这个方向上研究要始终保持清晰的目标：基于统一的视角(包括概念、原理、理论和方法)表示和描述风险及其不确定性。本书试图为这样的工作提供基础，并提供当前对这些问题的思考。

风险评估的框架需要同时包括定性和定量的方法。早期的工作大多数是定量的，值得注意的是，风险和不确定性不能全部转化为基于概率或其他定量的不确定性测度的数学公式。虽然有些方法可以获得一些数据，但这些数据本身不能用于风险评估，因为它们不能揭示和描述风险和不确定性。目前，有一些与概率相关的定性方法可以使用(见7.5节)，但是还不能替代量化方法(概率约束分析、不精确概率、可能性理论、证据理论）。

早期的整合的尝试（如混合概率和可能性的方法）就是基于这样的想法，即在特定情况下有且仅有一个适当的表示（例如，如果信息较差则为可能性表示，如果信息较强时则为主观概率）。可以看到，决策制定背景的多样性决定了需要一个统一的框架表示和表征不同方式方法下的风险及其不确定性。因为不同的方法可以捕获重要的不同类型的信息和知识，因此可以使用主观概率或者非精确区间的方式来告知决策者。此外，还可以加入定性的方法更为细致全面地表征风险及其不确定性。

"非概率方法"同样基于一系列前提和假设，但其程度不完全等同于只基于概率的分析，比如，产生的区间可以更好地对应于可用的信息。混合概率—可能性分析可能会导致区间形式如[0.2,0.6]的主观概率 P，分析人员（专家）并不能知道精确的概率值。在告知决策者分析人员的可信度时，决策者可以要求分析人员做出这样的分配。决策者希望分析人员能提供关于研究领域的未知变量的认知不确定性的可信报告。决策者知道，虽然这些判断是基于知识和假设的，是主观的，而且不同的人可能会有不同的结论，但是这些判断仍然是有价值的，这是因为分析人员在该领域内被认为有权威性。决策者希望接受概率分配训练的分析人员可以将他们的知识直接转化为相应的概率图表。

基于多年的风险评估方法和应用风险评估的工作所得出的经验是，工程师和风险分析师常常苦恼于进行不确定性分析的工作，因而希望本书可以提供一些帮助和指导。然而，本书不是指导如何在风险评估背景下进行不确定性分析的"食谱"，其所涵盖的是基本思想、概念和一些方法以及如何解决不确定性的一些想法。希望本书中所呈现的理论及其示例可以为读者理解不确定性和在实践中分析不确定性奠定良好的基础。

第四部分 参 考 文 献

Kaplan, S. (1997) The words of risk analysis. Risk Analysis, **17**, 407-417.

Kaplan, S. and Garrick, B. J. (1981) On the quantitative deflnition of risk. Risk Analysis, **1** (1), 11-27.

Pidgeon, N., Kasperson, R. E., and Slovic, P. (2003) The Social Amplification of Risk, Cambridge University Press, Cambridge.

Renn, O. (2005) Risk Governance. White paper no. 1, International Risk Governance Council, Geneva.

Rosa, E. A. (1998) Metatheoretical foundations for post-normal risk. Journal of Risk Research, **1**, 15 -44.

Rosa, E. A. (2003) The logical structure of the social amplification of risk framework (SARF): metatheoretical foundations and policy implications, in (eds. N. Pidgeon, R. E. Kasperson, and P. Slovic), Cambridge University Press, Cambridge, pp. 47-79.

附录 A　不确定性传播方法的操作程序

本附录根据第 6 章中描述的一些方法报告不确定性传播方法的操作程序。

A.1　1 层混合概率—可能性框架

假设与前 n 个输入量 $X_1,\cdots,X_n$ 有关的函数 g 的不确定性通过概率分布 $F_1(x_1),\cdots,F_n(x_n)$ 来描述，而与剩余的 $N-n$ 个输入量 $X_{n+1},\cdots,X_N$ 有关的不确定性由可能性分布 $\pi_{n+1}(x_{n+1}),\cdots,\pi_N(x_N)$ 来表达。输入量 $X_1,\cdots,X_n$ 的蒙特卡罗抽样重复次数称为 M。通过函数 g 的混合不确定性信息传播的操作步骤(图 6.14)为

(1) 设置 $j=0$。

(2) 根据概率分布 $F_1(x_1),\cdots,F_n(x_n)$ 抽取输入量 $X_1,\cdots,X_n$ 的第 j 次实现结果为 $x_1^j,\cdots,x_n^j$。

(3) 在 $\alpha\in[0,1]$ 中选取一个值，并确定可能性分布 $\pi_{n+1}(x_{n+1}),\cdots,\pi_N(x_N)$ 相应的 α-截集 $X_{n+1}^\alpha,\cdots,X_N^\alpha$，作为可能性输入量 $X_{n+1},\cdots,X_N$ 的可能值的区间。

(4) 基于随机输入量 $X_{n+1},\cdots,X_N$ 的固定抽样值 $x_1^j,\cdots,x_n^j$ 和可能性分布 $\pi_{n+1}(x_{n+1}),\cdots,\pi_N(x_N)$ 的 α-截集 $(X_{n+1}^\alpha,\cdots,X_N^\alpha)$ 下可能性输入量 $X_{n+1},\cdots,X_N$ 的所有值，可计算 $g(x_1^j,\cdots,x_n^j,X_{n+1}^\alpha,\cdots,X_N^\alpha)$ 的最小值与最大值，分别表示为 $\underline{g}_\alpha^j$ 和 $\overline{g}_\alpha^j$。

(5) 取步骤(4)中所得极值 $\underline{g}_\alpha^j$ 和 $\overline{g}_\alpha^j$ 作为 $g(x_1^j,\cdots,x_n^j,X_{n+1}^\alpha,\cdots,X_N^\alpha)$ 的 α-截集的上下界。

(6) 返回步骤(3)并对另一个 α-截集进行相同的处理，通过对每一个 α-截集的 $\underline{g}_\alpha^j$ 和 $\overline{g}_\alpha^j$ 的收集，可得到 Z 的可能性分布 π_z^j。

(7) 如果 $j<1$ 设置 $j=j+1$ 并返回步骤(1)，否则退出该过程。

在过程结束时，基于蒙特卡罗抽样所得的针对可能性输入量的 M 个值，可获得可能性分布的实现结果集合，即一组可能性分布 $\pi_Z^1,\cdots,\pi_Z^M$。然后，根据 6.1.3 节(式(6.16)~式(6.19))中描述的方法，可得到输出量 Z 的任意集合 A

的信度测度 Bel(A)和似然度测度 Pl(A)。

A.2 2层纯概率框架

假设存在 N 个输入量 $X_1,\cdots,X_n$,其不确定性由频率概率分布 $F_i(x_i \mid \theta_i)=P_f(X_i \leqslant x_i \mid \boldsymbol{\Theta}_i=\theta_i)$表征($i=1,\cdots,N$),其中 $\boldsymbol{\Theta}_i$ 为概率分布的一个(未知)参数向量。关于参数 $\boldsymbol{\Theta}_i$ 的认知不确定性和输入向量 $X_1,\cdots,X_n$的随机不确定性可分别通过主观概率分布和频率概率分布表示。特别地,令 $h_i(\theta_i)$表示描述参数 $\boldsymbol{\Theta}_i$ 不确定性的主观概率密度函数。$\boldsymbol{\Theta}_i$ 的蒙特卡罗抽样重复次数称为 M_e,而 X_i 的蒙特卡罗抽样重复次数可称为 M_a。

基于函数 $g(X_1,\cdots,X_N)$的不确定性传播的操作步骤如下。

(1) 设置 $j_e=1$。

(2) 按各自的分布 $h_i(\theta_i)$对认知不确定性参数 $\boldsymbol{\Theta}_i$ 进行第 j_e 次抽样得到 $\theta_i^{j_e}$。

(3) 设置 $j_a=1$。

(4) 针对随机变量,从各自的分布 $F_i(x_i \mid \theta_i^{j_e})$中进行第 j_a 次抽样,实现结果为 $x_1^{j_e,j_a},\cdots,x_N^{j_e,j_a}$,其中 $\theta_i^{j_e}$ 由步骤(2)中抽样所产生($i=1,\cdots,N$)。

(5) 基于抽样产生的输入量 $x_1^{j_e,j_a},\cdots,x_N^{j_e,j_a}$ 计算模型输出量 Z:$z^{j_e,j_a}=g(x_1^{j_e,j_a},\cdots,x_N^{j_e,j_a})$。

(6) 如果 $j_a<M_a$,设置 $j_a=j_a+1$ 并返回步骤(4),否则转到步骤(7)。

(7) 根据所得的 $z^{j_e,j_a}\langle j_a=1,\cdots,M_a\rangle$ 估计模型输出 Z 的累积分布 $H^{j_e}(z \mid \theta^{j_e})$,并基于认知不确定性的抽样值 $\theta^{j_e}=(\theta_1^{j_e},\cdots,\theta_N^{j_e})$。

(8) 如果 $j_e<M_e$,设置 $j_e=j_e+1$ 并返回步骤(2),否则退出该过程。

通过实施该过程可以获得一组累积分布 $H^{j_e}(z \mid \theta^{j_e})$ ($j_e=1,\cdots,M$),对外层循环的每次重复都得到一个这样的分布,这些分布的解释在 6.2 节中得到讨论。

附录 B　可能性—概率的转化

本附录关于“可能性—概率的转化”的介绍取自 Flage 等人(2013)。可能性表达与概率表达两者之间的转化步骤可参见 Dubois 等人(1993)。这样的转化不是一一对应的:在进行从可能性(概率)向概率(可能性)转化的过程中,一些信息会被引入(丢失)。然而,如若在实施转化时遵循一定的规则,则可使得所丢失(引入)的信息量最少。

在进行“由可能性向概率”的转化时,可采用蒙特卡罗抽样的方法由可能性分布得到概率分布;在进行“由概率向可能性”的转化时,可采用模糊方法由概率分布得到可能性分布。上述过程即通过一次运算实现不确定性传播。

在本附录中,将在第Ⅲ部分回顾第 8~11 章所用到的“由可能性向概率”转化的方法,“由概率向可能性”转化的方法在此不进行讨论,读者可参见 Dubois 等人(1993)以获得这类方法的综述。

将一个可能性分布转化为一个概率分布时,转化应基于给定的原则并确保一定程度的一致性,即在建立概率与可能性之间的联系时(将可能性测度与必然性测度分别理解为概率上界与概率下界)不违背任何准则。因而在这些准则的约束下,转化不是任意的。尽管如此,如同 Dubois 等人(1993)所论述的:“将一个概率表达转化为一个可能性表达的过程中,一些信息被丢失了,因为我们将一个点值的概率转化为一个概率区间;而这个过程的逆过程则在原先的可能性的不完整认知的基础上,增加了一些信息。这些增加的信息难免是有些武断的。”

基于“可能性测度和必然性测度分别是概率上界与概率下界”的理解,一个可能性分布 π 意味着一个概率测度族 $\boldsymbol{P}(\pi)$。由于可能性与概率之间并非一一对应的关系,由一个可能性分布 π 向一个概率测度 P 的转化只能确保以下各项。

(1) P 属于 $\boldsymbol{P}(\pi)$。

(2) P 是根据一些原则(或出于某种理由)从 $\boldsymbol{P}(\pi)$ 中挑选出的,例如,“最小化 P 的信息量”。

下面将从概率密度入手进行分析,其中 h 表示概率测度 P 对应的概率密度。

本附录文献中给出几种不同的“由可能性向概率”的转化方法，Dubois 等人(1993)论证指出这类转化应遵从以下基本原则：

1. 概率—可能性一致性原则

概率测度族 $\boldsymbol{P}(\pi)$ 的规范定义为

$$\boldsymbol{P}(\pi)=\{P:\forall A\subseteq\Omega,P(A)\leqslant\Pi(A)\}$$

即满足下列条件的概率测度 P 的集合：对于 π 所对应的空间 Ω 中所有的事件 A，A 的概率小于或等于 A 的可能性。于是，如同 Dubois 等人(1993)所述，定义一个转化以从 $\boldsymbol{P}(\pi)$ 中挑选出 P 似乎顺理成章，这就是概率—可能性一致性原则，即

$$P(A)\leqslant\Pi(A),\forall A\subseteq\Omega$$

2. 偏好保留

一个可能性分布 π 反映了一种在空间 Ω 上的偏好次序，使得 $\pi(x)>\pi(x')$ 意味着结果 x 优于结果 x'。因此，转化应当满足

$$\pi(x)>\pi(x')\Leftrightarrow p(x)>p(x')$$

下述转化方法由 Dubois 等人(1993)提出。

1) 将可能性转化为概率：不充分理由原则

不充分理由原则(The Principle of Insufficient Reason)是指：一个区间上的最大程度上的不确定性应当用一个定义在该区间上的均匀概率分布描述。基于这一原则，将一个可能性分布转化为一个概率分布的抽样步骤如下：

(1) 在区间(0,1]上抽取随机数 α^*，确定 α-截集 $L_{\alpha^*}=\{x:\pi(x)\geqslant\alpha^*\}$。

(2) 在 L_{α^*} 上随机抽取 x^*。

对于连续的情况，由 π 生成的密度函数为

$$h(x)=\int_0^{\pi(x)}\frac{\mathrm{d}\alpha}{|L_\alpha|} \tag{B.1}$$

式中：L_α 为 π 的 α-截集的长度。

为了辅助说明这一点，注意

$$h(x)=\int_0^1 h(x\mid\alpha)h(\alpha)\mathrm{d}\alpha$$

由抽样步骤(1)，有 $h(\alpha)=1$，由抽样步骤(2)有 $h(x\mid\alpha)=\dfrac{1}{|L_\alpha|}$。

对于积分空间，我们注意到：对于 $\alpha>\pi(\alpha)$，有 $h(x\mid\alpha)=0$。这里有必要提到 h 是 $\boldsymbol{P}(\pi)$ 的重心。式(B.1)给出的转化适用于上半连续的、单峰的、支撑集有界的 π。

下列转化原则同样取自 Dubois 等人(1993)。

2）将可能性转化为概率:最大熵原理

从 $\boldsymbol{P}(\pi)$ 挑选出 P 使得熵最大。一般情况下,这样的转化违反了“偏好保留”约束。

参考文献

Dubois, D., Prade, H., and Sandri, S. (1993) On possibility/probability transformations, in R. Lowen and M. Roubens (eds.) Fuzzy Logic: State of the Art, Kluwer Academic, Dordrecht, pp. 103-112.

Flage, R., Baraldi, P., Aven, T., and Zio, E. (2013) Probabilistic and possibilistic treatment of epistemic uncertainties in fault tree analysis. Risk Analysis, 33 (1), 121-133.